Azhar ul Haque Sario

Custo financeiro da deficiência de alfa 1 antitripsina (AATD)

Azhar ul Haque Sario

Custo financeiro da deficiência de alfa 1 antitripsina (AATD)

ScienciaScripts

Cover image: www.ingimage.com

This book is a translation from the original published under ISBN 978-620-6-77485-3.

Publisher:
Sciencia Scripts
is a trademark of
Dodo Books Indian Ocean Ltd. and OmniScriptum S.R.L publishing group

120 High Road, East Finchley, London, N2 9ED, United Kingdom
Str. Armeneasca 28/1, office 1, Chisinau MD-2012, Republic of Moldova, Europe
Printed at: see last page
ISBN: 978-620-8-21965-9

Conteúdo

Resumo

O livro "Alpha-1 Antitrypsin Deficiency (AATD) Financial Cost" apresenta uma análise aprofundada dos encargos financeiros associados à deficiência de alfa-1 antitripsina (AATD). O livro faz referência a 14 estudos de investigação únicos para fornecer uma perspetiva abrangente e baseada em provas sobre os custos financeiros associados à AATD. Estes estudos abrangem vários aspectos das despesas médicas, incluindo a terapia de aumento, a hospitalização, os cuidados de emergência, os cuidados em ambulatório e o impacto financeiro a longo prazo nos doentes e nas famílias.

Esta investigação ajudará as pessoas, oferecendo informações valiosas sobre os desafios económicos enfrentados pelos doentes com AATD e pelas suas famílias. Ao compreender as implicações financeiras, os doentes, os prestadores de cuidados de saúde e os responsáveis políticos podem tomar decisões informadas sobre as opções de tratamento, a cobertura dos seguros e a afetação de recursos. É importante que as pessoas leiam esta investigação porque ela esclarece os aspectos financeiros, muitas vezes negligenciados, da gestão de uma doença genética crónica, proporcionando uma imagem mais clara do verdadeiro custo dos cuidados.

O livro contribui para o desenvolvimento de estratégias de cuidados de saúde, destacando a relação custo-eficácia de várias opções de tratamento e identificando áreas onde é necessário apoio financeiro. Traz ideias e investigação inovadoras ao examinar tratamentos emergentes, como a terapia genética e as terapias com pequenas moléculas, e o seu impacto económico. Além disso, o livro oferece estratégias para reduzir os custos dos cuidados de saúde e melhorar a qualidade de vida global dos doentes com AATD. Esta abordagem abrangente torna-o um recurso valioso para qualquer pessoa interessada nos aspectos financeiros dos cuidados de saúde e na gestão da deficiência de alfa-1 antitripsina.

Azhar ul Haque Sario, autor

Os custos para os doentes com a forma de alfa-1 antitripsina da DPOC são mais elevados

Visão geral dos custos médicos para pacientes com AATD

O custo da respiração: o custo da AATD para os doentes e para as suas finanças
A deficiência de alfa-1 antitripsina, ou AATD, é uma cruel reviravolta genética do destino. Rouba aos indivíduos uma proteína crucial, deixando os seus pulmões e fígado vulneráveis a um ataque implacável. O peso que a doença tem nos seus corpos reflecte-se no pesado fardo que coloca nas suas finanças.

O estudo Inserro de 2019 traça um quadro muito claro. Os doentes com AATD enfrentam, em média, uns impressionantes 22 975 dólares em custos médicos anuais. Mas para aqueles que dependem da terapia de aumento, a tábua de salvação que retarda a progressão da doença, esse número dispara para impressionantes $127.537.

Imagine o peso dessa âncora financeira. É uma lembrança constante do domínio da doença, uma fonte de stress e ansiedade que agrava os desafios físicos.

A própria terapia de aumento é responsável por uma grande parte da diferença de custos. É um tratamento complexo e dispendioso, mas, para muitos, é a única forma de evitar mais danos nos pulmões. As idas às urgências, as estadias no hospital e outros medicamentos contribuem para o aumento da fatura.

Este não é apenas um problema para os doentes. Afecta todo o sistema de saúde, sobrecarregando os recursos e realçando a necessidade urgente de soluções inovadoras. O diagnóstico precoce e a gestão proactiva são cruciais, mas são apenas uma parte do puzzle. Temos de encontrar formas de tornar os tratamentos mais acessíveis e económicos, para aliviar os encargos financeiros de quem luta contra esta doença rara.

O estudo Inserro serve de alerta. Sublinha a dura realidade do impacto económico da AATD, recordando-nos que por detrás das estatísticas médicas estão pessoas reais que enfrentam desafios reais. É um apelo à ação, um apelo a uma maior sensibilização e compreensão, e um impulso para um futuro em que os doentes com AATD possam respirar mais facilmente, tanto física como financeiramente.

[1] Inserro, A. (2019). Os custos para pacientes com a forma de alfa-1 antitripsina da DPOC são mais altos, diz o estudo. American Journal of Managed Care. (Se as contas médicas fossem montanhas, os pacientes com AATD estão a enfrentar o Everest).

Custos da terapia de aumento

O preço da respiração: Terapia de aumento para AATD
A deficiência de alfa-1 antitripsina (AATD), uma doença genética que pode corroer furtivamente os pulmões e o fígado, projecta uma longa sombra. Para as pessoas que lutam contra a DPOC relacionada com a AATD, a terapia de aumento, uma linha de vida que repõe uma proteína vital, oferece uma hipótese de lutar contra mais danos nos pulmões. No entanto,

esta linha de vida tem um preço elevado, que pode deixar os doentes e os sistemas de saúde sem ar.

O estudo de Inserro (2019), um mergulho profundo nas tendências financeiras do tratamento da AATD, pinta um quadro gritante. É um conto de duas realidades: aqueles que recebem terapia de aumento enfrentam um custo médico anual impressionante de $127.537, superando os $15.874 suportados por aqueles que não estão a fazer a terapia. É um abismo financeiro, em grande parte atribuível à própria terapia.

Imagine a terapia de aumento de volume como um jogo de póquer com apostas elevadas. O custo da terapia em si é a aposta, uma soma substancial que define o cenário. As consultas médicas, as idas às urgências, os internamentos hospitalares e outros medicamentos são as apostas subsequentes, cada uma aumentando a pilha de fichas que se vai acumulando. E para os doentes, as despesas diretas representam a sua participação pessoal no jogo.

O estudo revela que a terapia de aumento, embora dispendiosa, pode paradoxalmente levar a menos visitas às urgências. É como uma jogada estratégica no jogo de póquer, sacrificando algumas fichas à partida para evitar potencialmente uma perda devastadora mais tarde.

No entanto, as implicações financeiras a longo prazo da DDAA e do seu tratamento são uma maratona e não uma corrida de velocidade. O diagnóstico precoce e a gestão proactiva são fundamentais. Trata-se de reconhecer os primeiros sinais de problemas, fazer escolhas informadas e navegar no complexo panorama dos custos dos cuidados de saúde.

Em conclusão, o estudo de Inserro (2019) serve como um alerta. Sublinha a necessidade urgente de soluções inovadoras para tornar a terapia de aumento mais acessível e económica. É um apelo à ação para que investigadores, prestadores de cuidados de saúde e decisores políticos trabalhem em conjunto, garantindo que o preço da respiração não se torne um fardo intransponível para aqueles que lutam contra a AATD.

[1] Inserro, A. (2019). Os custos para pacientes com a forma de alfa-1 antitripsina da DPOC são mais altos, diz o estudo. American Journal of Managed Care. Um mergulho profundo no labirinto financeiro da AATD, onde cada respiração tem um preço.

Custos de hospitalização e cuidados de emergência

O elevado preço da respiração: custos de hospitalização e de cuidados de emergência na DPOC
A doença pulmonar obstrutiva crónica (DPOC), especialmente quando está associada à deficiência de alfa-1 antitripsina (AATD), pode parecer um buraco negro financeiro. Os internamentos hospitalares e as idas às urgências tornam-se demasiado familiares, cada uma delas aumentando uma montanha crescente de contas médicas. O estudo Inserro de 2019 traça um quadro muito claro: Os pacientes com AATD, especialmente aqueles que não estão em terapia de aumento, enfrentam custos significativamente mais altos. É um fardo financeiro que pesa muito sobre os pacientes e suas famílias, um lembrete constante do aperto implacável da doença.

Hospitalização: Os cuidados mais dispendiosos
Ser internado num hospital é como entrar num hotel de cinco estrelas, só que as comodidades são tratamentos médicos e a conta é astronómica. O custo médio de uma estadia no hospital em 2019 foi de uns impressionantes 14.101 dólares. E esses números só têm vindo a aumentar. Para

pacientes com DPOC, especialmente aqueles com AATD, as hospitalizações são muitas vezes inevitáveis, um passo necessário para gerenciar exacerbações e complicações.

Serviço de Urgência: Uma linha de vida dispendiosa
As urgências são uma rede de segurança, um sítio a que se pode recorrer quando a respiração se torna difícil. Mas essa segurança tem um preço. Em 2017, as visitas aos serviços de urgência custaram um total de 76,3 mil milhões de dólares. Cada visita, um pedido desesperado de ajuda, aumenta a pressão financeira. Para os doentes com AATD, as urgências podem tornar-se um destino frequente, um reflexo da natureza imprevisível da doença.

O Fator AATD: Um multiplicador de custos
A deficiência de alfa-1 antitripsina (AATD) é uma doença genética que torna a DPOC ainda mais difícil. Os doentes com AATD necessitam frequentemente de terapia de aumento, um tratamento dispendioso que envolve infusões regulares de uma proteína para proteger os pulmões. O estudo Inserro concluiu que os doentes com AATD que fazem terapêutica de aumento têm custos médicos anuais significativamente mais elevados, com uma média de 127 537 dólares, em comparação com 15 874 dólares dos que não fazem terapêutica. Trata-se de um compromisso financeiro, uma escolha entre gerir a doença e gerir as contas.

O fardo económico da DPOC: um pesado tributo
A DPOC é mais do que um problema de saúde, é também um problema económico. O custo anual total da DPOC nos Estados Unidos foi estimado em 49,9 mil milhões de dólares em 2010. Este valor inclui os custos diretos dos cuidados de saúde e os custos indirectos, como a perda de produtividade e a morte prematura. Para os doentes com DDAA, o fardo é ainda mais pesado, um peso financeiro que pode ser esmagador.

Encontrar soluções: Um caminho para a acessibilidade económica
O elevado custo dos cuidados com a DPOC, especialmente para os doentes com DDAA, é um problema complexo. Mas há soluções. O diagnóstico e a gestão precoces, a educação dos doentes, os modelos de cuidados integrados e a telemedicina podem ajudar a reduzir a utilização e os custos dos cuidados de saúde. Trata-se de encontrar formas de gerir a doença de forma eficaz e, ao mesmo tempo, gerir os encargos financeiros.

O caminho para gerir a DPOC, especialmente com a DDAA, está cheio de desafios. Mas não é um caminho sem esperança. Trabalhando em conjunto, os doentes, os prestadores de cuidados de saúde e os decisores políticos podem encontrar formas de tornar o tratamento mais económico e acessível. Trata-se de garantir que o preço da respiração não se torna um obstáculo intransponível.

Cuidados em ambulatório e custos de medicação

Custos de ambulatório - Um olhar mais atento

Navegar no labirinto das despesas de saúde é um desafio, especialmente para quem vive com doenças crónicas como a DPOC. É como uma batalha constante, em que cada consulta externa, cada receita médica, parece ser mais um obstáculo financeiro. Agora, imagine-se a enfrentar esta batalha difícil com uma forma mais rara de DPOC, a deficiência de alfa-1 antitripsina (AATD). De repente, a colina parece mais íngreme, a subida ainda mais árdua.

O preço de respirar facilmente

Os cuidados em ambulatório, a pedra angular da gestão das doenças crónicas, incluem tudo, desde os check-ups de rotina às consultas de especialidade. Infelizmente, estes custos estão a aumentar mais rapidamente do que nunca. É como estar numa passadeira que aumenta constantemente de velocidade, tornando mais difícil manter o ritmo. Para as pessoas com AATD, este encargo financeiro é ainda maior. O estudo de Inserro (2019) lança uma luz dura sobre esta realidade, revelando custos médicos significativamente mais elevados para estes indivíduos, particularmente aqueles que recebem terapia de aumento.

Medicamentos - A força vital da gestão

A medicação é a tábua de salvação dos doentes com DPOC, ajudando-os a gerir os seus sintomas e a respirar um pouco melhor. No entanto, estes medicamentos têm um preço elevado. É como pagar uma portagem de cada vez que se precisa de respirar. O estudo salienta ainda o aumento dos custos ambulatórios dos doentes com DDAA, principalmente devido à necessidade de tratamentos especializados, como a terapia de aumento.

A portagem da AATD

O estudo Inserro (2019) traça um quadro claro do custo financeiro que a AATD tem para os indivíduos. O custo médico direto anual médio para estes doentes já é substancial, mas os que recebem terapia de aumento enfrentam um encargo financeiro significativamente maior.

Factores que fazem aumentar os custos

Vários factores contribuem para esta escalada dos custos:

Gravidade da doença: Uma DPOC mais grave ou crises frequentes significam mais consultas médicas e medicamentos.
Comorbilidades: A presença de outras doenças crónicas acrescenta um outro nível de complexidade e de custos.
Modalidades de tratamento: Os tratamentos especializados, como a terapia de aumento para doentes com AATD, são dispendiosos.
Factores do sistema de saúde: As complexidades da cobertura dos seguros e das taxas de reembolso complicam ainda mais a situação.
O peso económico da DPOC

O peso financeiro da DPOC é imenso, afectando tanto os indivíduos como a sociedade em geral. Para as pessoas com AATD, este fardo é ainda mais pesado.

Estratégias de alívio

Embora o encargo financeiro da DPOC possa parecer avassalador, há esperança. O diagnóstico precoce, a educação do doente, os modelos de cuidados integrados e a telemedicina podem ajudar a reduzir os custos e a melhorar os resultados. É como encontrar um caminho mais suave para subir a colina, tornando a subida um pouco menos cansativa.

Em conclusão

O estudo de Inserro (2019) serve como um poderoso lembrete dos desafios financeiros enfrentados pelos indivíduos com DPOC, especialmente aqueles com DDAA. É altura de reconhecermos este fardo e trabalharmos no sentido de encontrar soluções que aliviem a pressão financeira e melhorem a vida das pessoas que vivem com esta doença. É altura de tornar a batalha difícil um pouco menos íngreme.

Impacto financeiro a longo prazo nos doentes e nas famílias

O peso esmagador da DPOC: um tributo financeiro a longo prazo para os doentes e as famílias
Quando uma doença crónica como a DPOC lança a sua sombra, não são apenas os sintomas físicos que cobram o seu preço. O encargo financeiro pode ser igualmente devastador, deixando os doentes e as suas famílias a braços com uma epidemia oculta de dificuldades económicas.

Para as pessoas com Deficiência de Alfa-1 Antitripsina (AATD), uma forma genética de DPOC, a pressão financeira é ainda maior. O estudo de 2019 da Inserro apresenta um quadro gritante: o custo médio anual para pacientes com AATD que recebem tratamento especializado é de US $ 127,537. Esses números não são apenas estatísticas - eles representam pessoas reais que enfrentam escolhas impossíveis, sacrificando sua qualidade de vida para pagar os cuidados de que precisam desesperadamente.

A areia movediça financeira

O impacto financeiro da DPOC é multifacetado, uma investida implacável de custos médicos diretos, perda de rendimentos e despesas ocultas que corroem a segurança financeira.

Custos médicos diretos: Internamentos hospitalares, idas às urgências, medicamentos - estas são as despesas óbvias. Mas para os doentes com AATD, o custo da terapia de aumento acrescenta mais uma camada de dificuldades financeiras.
Custos indirectos: A incapacidade para o trabalho, a reforma antecipada, a necessidade de cuidadores familiares - estes custos ocultos podem muitas vezes ultrapassar as despesas médicas diretas, deixando as famílias num estado perpétuo de insegurança financeira.
Custos não médicos: Transporte para as consultas, modificações na casa para acomodar a doença - estas despesas acumulam-se, minando ainda mais a estabilidade financeira.
O impacto psicológico e social
A pressão financeira da DPOC vai muito para além da conta bancária, lançando uma sombra negra sobre a saúde mental e o bem-estar social.

Impacto psicológico: A preocupação constante em pagar o tratamento, o medo da ruína financeira - estas ansiedades podem levar à depressão e à ansiedade, agravando o já pesado fardo da doença.
Impacto social: A vergonha e o embaraço das dificuldades financeiras podem levar ao isolamento social, afastando os doentes e as famílias do apoio de que tanto necessitam.

Um vislumbre de esperança

Embora o impacto financeiro da DPOC seja inegável, existem estratégias para atenuar o fardo:

Programas de assistência financeira: Subsídios para medicamentos, transporte e modificações na casa podem oferecer uma tábua de salvação para famílias em dificuldades.
Cobertura de seguro: Uma cobertura de seguro abrangente, que inclua tratamentos especializados para a AATD, pode proteger os doentes de despesas diretas catastróficas.
Educação e apoio aos doentes: Dar aos doentes conhecimentos sobre os recursos disponíveis e fornecer-lhes apoio emocional pode ajudá-los a navegar no labirinto financeiro.
Intervenções políticas: Regulamentar os preços dos medicamentos, aumentar o financiamento para a gestão das doenças crónicas - estas alterações políticas podem criar um sistema de saúde mais equitativo para todos.

Um apelo à ação

O encargo financeiro da DPOC é uma crise silenciosa, que exige a nossa atenção. Temos de defender políticas que dêem prioridade ao bem-estar dos doentes, apoiar a investigação de tratamentos mais económicos e garantir que ninguém é obrigado a escolher entre a sua saúde e a sua segurança financeira.

Tratamento e gestão da deficiência de alfa-1 antitripsina

Custo da terapia de aumento

O preço elevado da respiração fácil: o panorama financeiro da terapia de aumento para a AATD
Imagine um mundo em que cada respiração é uma batalha, um mundo em que um simples passeio pode deixá-lo sem ar. Esta é a realidade das pessoas com deficiência de alfa-1 antitripsina (AATD), uma doença genética que corrói silenciosamente os pulmões. A terapia de aumento oferece uma tábua de salvação, uma forma de repor a proteína crucial que falta aos seus corpos. Mas esta tábua de salvação tem um preço elevado, que pode lançar uma longa sombra sobre os doentes e as suas famílias.

Terapia de aumento: Um bem precioso

A terapia de aumento não é um tratamento comum. Trata-se de um processo complexo e meticulosamente elaborado que recolhe a proteína alfa-1 antitripsina do plasma humano. Pense nela como um ouro líquido, extraído com precisão e infundido para fortalecer os pulmões frágeis. O custo deste "ouro líquido" é elevado e constitui a base das despesas da terapia de aumento.

Os custos ocultos: Para além da infusão

Mas as despesas não acabam aqui. Cada infusão é uma dança cuidadosamente coreografada entre o doente e o prestador de cuidados de saúde, uma dança que requer equipamento especializado, pessoal com formação e uma monitorização meticulosa. Depois, há os custos invisíveis: as análises ao sangue, as avaliações da função pulmonar, a vigilância constante para garantir que a terapia está a fazer a sua magia. É uma sinfonia financeira, com muitos instrumentos a contribuir para a melodia global.

As variáveis imprevisíveis: Factores que afectam o custo

O custo final da terapia de aumento é tão único como a impressão digital de cada doente. A gravidade da sua AATD, o ambiente de cuidados de saúde que escolhem, os caprichos da cobertura do seguro, até mesmo a sua localização geográfica - todos desempenham um papel no encargo financeiro final. É uma equação complexa, com muitas variáveis a influenciar o montante final.

O peso persistente: O impacto económico mais vasto

Para além dos custos imediatos, há o peso persistente do impacto económico mais alargado. A AATD é uma doença que se prolonga por toda a vida e os seus encargos financeiros vão para além das infusões. Há internamentos hospitalares, idas às urgências e outros tratamentos para as complicações que podem surgir. É uma maratona financeira, não uma corrida de velocidade.

O lado bom da história: Um investimento rentável

Mas no meio das nuvens financeiras, há um lado positivo. Os estudos mostram que a terapêutica de aumento é um investimento sensato, melhorando a qualidade de vida e abrandando a marcha inexorável dos danos pulmonares. Trata-se de uma medida preventiva, que evita a necessidade de intervenções ainda mais dispendiosas no futuro.

Navegar no labirinto: assistência financeira e o caminho a seguir

O caminho para a terapia de aumento está repleto de obstáculos financeiros, mas existe ajuda. Os programas de assistência financeira oferecem um vislumbre de esperança, aliviando o fardo e tornando o tratamento mais acessível. E a cada dia que passa, a investigação aproxima-se de opções mais económicas, prometendo um futuro melhor para os doentes com AATD.

Uma viagem partilhada: Rumo a um futuro mais acessível

O custo de respirar bem não deve ser um fardo. É uma responsabilidade partilhada, que envolve doentes, prestadores de cuidados de saúde, investigadores e a sociedade como um todo. Trabalhando em conjunto, podemos criar um mundo em que a terapia de aumento esteja ao alcance de todos os que dela necessitam. A viagem em direção a um futuro mais acessível é longa, mas a cada passo, aproximamo-nos mais de um mundo onde os doentes com AATD podem respirar um pouco melhor, tanto física como financeiramente.

Fundação Alfa-1. (n.d.). Tratamento - Fundação Alfa-1. Um farol de esperança para aqueles que navegam nas complexidades da Alfa-1.
Fundação COPD. (n.d.). Medical Costs of AATD in the United States. Desvendando os encargos financeiros da Alfa-1, um lembrete claro de que a saúde é um investimento.
Associação Americana do Pulmão. (n.d.). Treating and Managing Alpha-1 Antitrypsin Deficiency (Tratar e gerir a deficiência de alfa-1 antitripsina). A guiding light, illuminating the path to managing Alpha-1 and reclaiming one's breath.
NHLBI, NIH. (n.d.). DPOC - Deficiência de Alfa-1 Antitripsina. Investigando a ciência da Alfa-1, onde o conhecimento se torna poder na luta pela saúde pulmonar.

Encargos financeiros do transplante pulmonar

Uma subida íngreme: A realidade financeira do transplante pulmonar para doentes com DDAA
Imagine, por um momento, a dádiva da respiração. Para as pessoas que sofrem de deficiência de alfa-1 antitripsina (AATD), cada inspiração pode ser uma luta, uma lembrança constante dos pulmões que estão a falhar e que as prendem a uma existência de possibilidades cada vez menores. O transplante pulmonar oferece um raio de esperança, uma hipótese de se libertar das correntes da AATD, mas tem um preço elevado.

Para além do bloco operatório: Desvendando o cenário financeiro
O transplante pulmonar não é apenas uma cirurgia; é uma viagem repleta de despesas médicas e não médicas. Desde as avaliações iniciais que determinam a elegibilidade, até ao regime de medicamentos imunossupressores para toda a vida, cada passo do caminho tem um peso financeiro. O entusiasmo inicial de um potencial transplante pode rapidamente dar lugar à ansiedade à medida que a realidade dos custos se instala.

O seguro, embora crucial, muitas vezes não cobre todos os aspectos da viagem de transplante. A localização geográfica, a disponibilidade de dadores e o estado de saúde do indivíduo podem complicar ainda mais a situação, acrescentando camadas invisíveis aos encargos financeiros.

O efeito de cascata: Pressão económica sobre as famílias
O impacto económico de um transplante pulmonar estende-se muito para além do doente. As famílias dão frequentemente por si a navegar num labirinto de perda de rendimentos, despesas de deslocação e a sombra iminente do planeamento financeiro a longo prazo. O transplante torna-se um fardo partilhado, obrigando a escolhas e sacrifícios difíceis.

Esperança no horizonte: Ajuda e apoio financeiro
Em meio aos desafios, há lampejos de esperança. As organizações de beneficência, as campanhas de angariação de fundos e os centros de transplantação oferecem linhas de vida aos doentes e às suas famílias. Os consultores financeiros dos centros de transplante podem ajudar a navegar no complexo panorama dos seguros e identificar potenciais fontes de ajuda.

Uma segunda oportunidade: O valor inestimável da respiração
O encargo financeiro do transplante pulmonar é inegável, mas é importante pesá-lo em relação ao poder transformador do procedimento. O transplante pulmonar não se trata apenas de sobrevivência; trata-se de recuperar a vida. É a liberdade de respirar profundamente, de rir sem restrições, de perseguir sonhos que antes eram considerados impossíveis.

Pioneirismo num futuro mais brilhante: Investigação e Inovação
À medida que a ciência médica avança, há esperança de opções de transplante pulmonar mais económicas e acessíveis. A investigação de novas técnicas cirúrgicas, de melhores imunossupressores e de um maior número de dadores oferece um futuro melhor para os doentes com DDAA.

O caminho para o transplante de pulmão é, sem dúvida, um desafio, mas é uma viagem que vale a pena fazer. Com um planeamento cuidadoso, apoio e o espírito inabalável daqueles que lutam pela sua respiração, é possível ultrapassar os obstáculos financeiros e abraçar a dádiva de uma segunda oportunidade na vida.

Custos dos cuidados de apoio

O custo invisível dos cuidados de apoio: Um companheiro dispendioso para os guerreiros da AATD
A Deficiência de Alfa-1 Antitripsina (AATD) é uma batalha travada em duas frentes: a luta física contra a doença pulmonar e hepática e a luta silenciosa contra os encargos financeiros dos cuidados de apoio. Esta armadura essencial, concebida para melhorar a qualidade de vida, tem um preço que pode pesar muito sobre os doentes e as suas famílias.

Cuidados de apoio: Uma tábua de salvação, não um luxo

Imagine os cuidados de apoio como um escudo multifacetado: medicamentos para manter os sintomas afastados, reabilitação pulmonar para fortalecer os pulmões como o treino de um guerreiro, oxigenoterapia para respirar com facilidade, apoio psicológico para reforçar o espírito e assistência nas tarefas diárias, transformando os desafios diários em vitórias. Trata-se de mais do que apenas sobreviver; trata-se de prosperar.

A etiqueta de preço da resiliência

Este escudo, no entanto, não é forjado de forma barata. Os medicamentos, as sessões de reabilitação, as botijas de oxigénio, as sessões de terapia e a assistência ao domicílio são factores que se acumulam, criando uma montanha financeira que pode ofuscar a luta contra a própria doença. A gravidade da AATD, o contexto dos cuidados, a cobertura do seguro e até a localização geográfica podem influenciar este custo, deixando os doentes perante um complexo labirinto económico.

Para além dos sinais de dólar: Os custos ocultos

Mas o fardo económico vai para além dos custos diretos dos cuidados de saúde. São os internamentos hospitalares, as idas às urgências e os salários perdidos por falta ao trabalho. É o preço acumulado de uma batalha que dura toda a vida, em que a pressão financeira pode tornar-se tão debilitante como a própria doença.

Investir num futuro mais risonho

No entanto, apesar do preço elevado, os cuidados de suporte continuam a ser um farol de esperança. Os estudos demonstram que podem melhorar a qualidade de vida, reduzir as complicações e evitar a necessidade de intervenções ainda mais dispendiosas. Trata-se de um investimento num futuro em que os doentes podem não só sobreviver, mas também viver verdadeiramente.

Ajuda à procura durante a tempestade

Navegar neste cenário financeiro pode ser assustador, mas existe ajuda. Planos de seguro, programas governamentais, organizações de caridade e recursos comunitários oferecem linhas de vida, ajudando os pacientes a aceder aos cuidados de que necessitam. Trata-se de montar uma armadura financeira que complementa a armadura médica.

Um apelo à inovação

A luta continua também na frente da investigação. Os cientistas esforçam-se por tornar os cuidados de apoio mais eficazes e acessíveis, desenvolvendo novos medicamentos, aperfeiçoando a oxigenoterapia e revolucionando a reabilitação. É uma procura incessante de um futuro em que os guerreiros da AATD se possam concentrar nas suas batalhas e não nas suas contas bancárias.

Conclusão: Uma batalha que vale a pena travar

O custo dos cuidados de apoio na AATD é uma realidade gritante, mas que não deve ofuscar a importância destes cuidados. Trata-se de capacitar os doentes, fornecendo-lhes as ferramentas necessárias para percorrerem o seu caminho com força e dignidade. Com compreensão, defesa e investigação contínua, podemos assegurar que os encargos financeiros não diminuem a luz da esperança para aqueles que enfrentam esta batalha.

Custo-eficácia das opções de tratamento

Os altos riscos do tratamento da AATD: Pesando o custo contra os benefícios

Navegar no labirinto do tratamento da deficiência de alfa-1 antitripsina (AATD) pode ser uma viagem complexa e dispendiosa. Cada caminho, quer se trate de terapia de aumento, de cuidados de suporte ou de transplante pulmonar, tem o seu próprio preço, tanto em termos de investimento monetário como de potenciais complicações.

Terapia de aumento: O padrão de ouro com um preço elevado

Imagine ter de receber infusões semanais de uma proteína derivada do plasma humano - esta é a realidade para quem está a fazer terapia de aumento. Embora seja a pedra angular do tratamento da AATD para o enfisema, tem um custo substancial, que cobre tanto a medicação em si como os procedimentos de infusão associados.

No entanto, o valor da terapêutica de reforço reside na sua capacidade de melhorar a qualidade de vida e de retardar a progressão da doença, podendo poupar os doentes a intervenções ainda mais intensivas (e dispendiosas) no futuro.

Cuidados de apoio: Um Mosaico de Gestão

Pense nos cuidados de apoio como uma caixa de ferramentas, equipada com medicamentos, reabilitação pulmonar, oxigenoterapia, apoio psicológico e muito mais. Trata-se de uma abordagem abrangente que aborda a AATD de todos os ângulos. Embora o custo de cada componente varie, os cuidados de apoio no seu conjunto ajudam a gerir os sintomas, a prevenir complicações e a melhorar o bem-estar geral do doente.

Transplante de pulmão: O último recurso

Quando a AATD causa estragos nos pulmões, o transplante pode ser a única opção. Embora ofereça uma nova oportunidade de vida, é uma tarefa importante - uma cirurgia dispendiosa seguida de medicamentos imunossupressores para toda a vida e de cuidados contínuos. O encargo financeiro é substancial, mas a recompensa potencial não tem preço: a possibilidade de respirar livremente de novo e viver uma vida mais plena.

Terapias emergentes: Um vislumbre de esperança no horizonte

A terapia genética e as chaperonas químicas ainda estão a dar os primeiros passos, mas representam a próxima vaga de tratamento da AATD. Ao visarem a raiz do problema, prometem soluções a longo prazo e uma menor dependência das terapias tradicionais. Embora a relação custo-eficácia ainda não tenha sido avaliada, os benefícios potenciais são tentadores.

O resultado final: Um ato de equilíbrio

Escolher o tratamento correto para a AATD não tem apenas a ver com considerações financeiras. Trata-se de pesar o custo em relação aos potenciais benefícios, os riscos em relação às recompensas. A assistência financeira e os programas de apoio podem ajudar a aliviar o fardo, mas, em última análise, a decisão é pessoal, um equilíbrio delicado entre a necessidade médica e as circunstâncias individuais.

À medida que a investigação continua a avançar, podem surgir novas e melhores terapias, oferecendo ainda mais escolhas e maior esperança para as pessoas afectadas pela DTA. Até lá, navegar no panorama das opções de tratamento requer uma análise cuidadosa e uma concentração inabalável no que mais importa: melhorar a qualidade de vida das pessoas que vivem com esta doença difícil.

Cobertura de seguro e reembolso

Descodificar o labirinto dos seguros: Navegar pela cobertura e reembolso da AATD

A Deficiência de Alfa-1 Antitripsina (AATD), uma doença genética que pode ensombrar a saúde dos pulmões e do fígado, tem a sua quota-parte de desafios. Para além dos obstáculos médicos, navegar no labirinto da cobertura de seguros e dos reembolsos pode parecer uma missão esmagadora. Mas não tenha medo, pois dentro deste cenário complexo encontra-se a chave para aceder a tratamentos vitais e minimizar a pressão financeira.

Vamos embarcar juntos nesta viagem, desvendando os meandros da cobertura de seguro para a AATD e esclarecendo o caminho para garantir os cuidados que merece.

1. Seguro: A sua rede de segurança da AATD

O seguro, seja ele privado, patrocinado pelo governo ou uma combinação dos dois, serve como uma rede de segurança para as pessoas que lutam contra a AATD. Pense nisto como uma manta de retalhos, em que cada peça representa uma opção de cobertura diferente. Os seguros de saúde privados, a Medicare, a Medicaid e outros programas governamentais contribuem todos para esta intrincada tapeçaria.

É fundamental compreender as nuances específicas do seu plano. Inclui testes de diagnóstico, terapia de aumento, medicamentos, reabilitação pulmonar, oxigenoterapia ou mesmo transplante pulmonar? Cada componente desempenha um papel na gestão da AATD, e saber o que está coberto permite-lhe tomar decisões informadas sobre os seus cuidados.

2. As peças do puzzle da cobertura

A cobertura de seguro para a AATD não é um cenário único para todos. É mais como um puzzle, em que cada peça representa um aspeto diferente do seu percurso de tratamento. Desde a confirmação do diagnóstico através de análises ao sangue e testes genéticos até à terapia de aumento de suporte de vida, cada passo é importante.

Lembre-se de que o seu tipo de plano de seguro, os requisitos de autorização prévia, as limitações de cobertura e até a sua localização geográfica podem influenciar a imagem final do puzzle. A compreensão destes factores permite-lhe navegar eficazmente no sistema.

3. Reembolso: Desbloquear o fluxo de fundos

O processo de reembolso, embora pareça simples, pode envolver reviravoltas. Os prestadores de cuidados de saúde apresentam pedidos de reembolso, as companhias de seguros analisam-nos e os pagamentos são efectuados - idealmente. No entanto, as recusas e os recursos podem acrescentar complexidade à equação.

Ao familiarizar-se com o processo de reembolso e ao manter-se organizado com a documentação, pode defender as suas necessidades e garantir um fluxo de fundos mais fácil.

4. Para além dos seguros: Aliados financeiros

O seguro pode ser o seu principal aliado financeiro, mas não é o único. Programas de assistência ao paciente, programas de assistência de co-pagamento, organizações de caridade e até mesmo iniciativas governamentais estão prontos para dar uma mãozinha.

Não hesite em explorar estes recursos. Eles podem proporcionar o alívio tão necessário e abrir portas para tratamentos que, de outra forma, poderiam parecer fora de alcance.

5. O futuro: Um farol de esperança

A investigação e a inovação continuam a iluminar o caminho para melhorar os tratamentos da DDAA. Novos medicamentos, métodos de administração alternativos e abordagens inovadoras à reabilitação pulmonar oferecem um farol de esperança.

À medida que a ciência avança, também avança o potencial para cuidados mais acessíveis e económicos. Abrace este otimismo e mantenha-se informado sobre os últimos desenvolvimentos.

Conclusão: Capacitar o seu percurso na AATD

A cobertura e o reembolso do seguro, embora complexos, não são obstáculos intransponíveis. Compreendendo as nuances do seu plano, defendendo as suas necessidades e explorando os recursos disponíveis, pode fortalecer o seu percurso na AATD. Lembre-se de que não está sozinho neste esforço. Os prestadores de cuidados de saúde, os programas de assistência financeira e uma comunidade de apoio estão prontos para o acompanhar em cada passo do caminho.

À medida que a investigação e a inovação continuam a remodelar o panorama do tratamento da AATD, imagine um futuro em que o acesso aos cuidados de saúde é contínuo e os encargos financeiros são minimizados. Deixe que o conhecimento seja a sua bússola e a resiliência a sua luz orientadora. Juntos, podemos navegar pelo labirinto dos seguros e desbloquear um futuro mais brilhante para todos os afectados pela deficiência de alfa-1 antitripsina.

Investigação sobre a deficiência de alfa-1 antitripsina e tratamentos emergentes

Custos anuais dos cuidados de saúde da terapêutica intravenosa com AAT

O elevado preço de respirar facilmente: o custo financeiro anual da terapia IV AAT
No domínio das doenças genéticas raras, a deficiência de alfa-1 antitripsina (AATD) surge como uma ameaça silenciosa, roubando lentamente a saúde dos pulmões dos indivíduos. A terapêutica com AAT intravenosa, um farol de esperança para as pessoas que sofrem de AATD grave, constitui uma tábua de salvação, um meio de abrandar a marcha implacável do enfisema. No entanto, esta tábua de salvação tem um preço elevado, que pode lançar uma longa sombra sobre os doentes e os sistemas de saúde.

A infusão de esperança, o peso do custo

Imagine uma terapia que requer uma infusão semanal de um precioso elixir derivado do plasma. Esta é a realidade da terapêutica com AAT intravenosa, um tratamento que provou o seu valor na preservação da função pulmonar, mas que também exige um investimento financeiro significativo. O custo anual, que frequentemente atinge os seis dígitos nos Estados Unidos, dá uma imagem clara do fardo económico enfrentado por quem luta contra a DTA.

Para além do preço do elixir

O custo do próprio produto plasmático é apenas a ponta do icebergue. As taxas de administração, a utilização de recursos de cuidados de saúde e os efeitos em cascata na vida dos doentes contribuem para o custo financeiro global. Trata-se de uma equação complexa, que inclui não só os custos médicos diretos, mas também os custos indirectos da perda de rendimentos, as despesas correntes e o desgaste emocional da gestão de uma doença crónica.

Um desafio global

O peso financeiro da terapêutica com AAT IV faz-se sentir não só nos Estados Unidos, mas também em todo o mundo. Os estudos demonstraram que os custos anuais da AATD, incluindo a terapia, são significativamente mais elevados para as pessoas que recebem tratamento do que para as que não o recebem. Trata-se de um desafio global, que realça a necessidade de opções de tratamento mais acessíveis e económicas.

Um vislumbre de esperança no horizonte

Apesar do panorama financeiro assustador, há um vislumbre de esperança no horizonte. Os investigadores estão a explorar incansavelmente novas estratégias de tratamento, desde a reparação genética às chaperonas químicas. Estas terapias emergentes prometem não só melhorar os resultados clínicos, mas também reduzir os encargos económicos dos doentes e dos sistemas de saúde.

Um apelo à mudança

O elevado custo da terapêutica com AAT intravenosa serve para recordar os desafios com que se deparam as pessoas com doenças raras. É um apelo à mudança, um apelo a opções de tratamento mais económicas e acessíveis. É uma chamada de atenção para o facto de a luta contra a AATD não ser apenas uma batalha médica, mas também económica. À medida que lutamos por um futuro em que cada respiração é uma vitória, também temos de lutar por um futuro em que o custo dessa vitória não seja insuperável.

Custo-eficácia dos tratamentos emergentes

Um novo amanhecer para o tratamento da AATD: Esperança de soluções económicas
Imagine um mundo em que os custos e os encargos assustadores dos tratamentos tradicionais das DTAs deixem de ensombrar as pessoas afectadas. Um mundo em que as soluções emergentes prometem não só melhores resultados em termos de saúde, mas também um alívio financeiro. Esta é a realidade que está a tomar forma à medida que os avanços científicos abrem caminho para uma gestão rentável da DTA.

Para além da administração intravenosa: A procura de melhores opções
A terapia tradicional com AAT intravenosa (IV), embora salve vidas, tem um preço elevado e requer administrações frequentes. Este facto coloca desafios tanto aos doentes como aos sistemas de saúde. A procura de melhores alternativas desencadeou uma onda de inovação, com novos tratamentos promissores no horizonte.

Terapia genética: Reescrever o código para um futuro mais brilhante
A terapia genética tem como objetivo abordar a raiz do problema, introduzindo um gene AAT saudável nas células do doente.

Tal como um engenheiro de software competente que corrige um programa defeituoso, esta terapia tem o potencial de fornecer uma solução a longo prazo, reduzindo a necessidade de tratamento contínuo. Embora os custos iniciais possam ser elevados, a promessa de uma vida menos sobrecarregada por infusões intravenosas frequentes apresenta uma imagem convincente da relação custo-eficácia a longo prazo.

Interferência de ARN: Silenciando os culpados da AATD
A interferência do ARN, como um agente furtivo, utiliza pequenas moléculas para silenciar a produção da proteína AAT defeituosa. Esta abordagem é promissora na prevenção de lesões no fígado e no alívio da pressão sobre os pulmões. À medida que os ensaios clínicos se desenrolam, espera-se que as terapias de RNAi ofereçam benefícios sustentados com menos administrações, revelando-se, em última análise, uma solução mais económica.

Terapias com pequenas moléculas: Um comprimido conveniente para o alívio
Imagine um mundo em que o tratamento da AATD envolve simplesmente engolir um comprimido, libertando os doentes das restrições da terapêutica intravenosa. O objetivo das terapêuticas com pequenas moléculas é exatamente esse. Ao melhorar a função da proteína AAT ou ao reduzir a acumulação da proteína defeituosa, estas terapêuticas oferecem a comodidade da administração oral e custos de produção potencialmente mais baixos, contribuindo para uma melhor relação custo-eficácia.

Aliviar o fardo económico: Uma visão holística
O impacto financeiro da DDAA vai para além do custo direto do tratamento. Os internamentos, a reabilitação pulmonar e a gestão das comorbilidades aumentam o encargo global. Os tratamentos emergentes têm o potencial de aliviar este encargo, reduzindo a frequência das visitas aos cuidados de saúde e melhorando os resultados globais em termos de saúde, o que conduz a uma maior relação custo-eficácia.

Um novo capítulo: Adotar soluções rentáveis

O futuro do tratamento da AATD brilha com a promessa de soluções económicas. A terapia genética, a interferência do ARN e as terapias com pequenas moléculas estão a liderar o processo, oferecendo a esperança de melhores resultados para os doentes e de uma menor pressão financeira. À medida que a investigação e os ensaios clínicos prosseguem, o sonho de uma realidade de tratamento da DTA mais acessível e económico aproxima-se.

Declaração de exoneração de responsabilidade: Os tratamentos emergentes ainda estão a ser investigados e os seus perfis de custo-eficácia e segurança a longo prazo requerem uma avaliação mais aprofundada. É essencial consultar os profissionais de saúde para discutir as opções de tratamento mais adequadas às circunstâncias individuais.

Nota: As informações aqui fornecidas destinam-se apenas a fins informativos e de conhecimento geral e não constituem aconselhamento médico. É essencial consultar profissionais de saúde qualificados para quaisquer preocupações de saúde ou antes de tomar quaisquer decisões relacionadas com a sua saúde ou tratamento.

Implicações financeiras da terapia genética

The High Stakes of Genetic Gamble: Navegando no labirinto financeiro da terapia genética
Imagine um mundo em que uma única injeção pudesse reescrever o seu código genético, banindo para a sombra uma doença que se prolonga por toda a vida. A terapia genética promete este milagre, oferecendo um vislumbre tentador do futuro da medicina. Mas neste admirável mundo novo, a esperança tem um preço.

No domínio da deficiência de alfa-1 antitripsina (AATD), a terapia genética oferece uma fuga sedutora aos grilhões do tratamento constante. Com o potencial de conceder uma vida inteira de liberdade, acena como um canto de sereia. No entanto, o caminho para este Éden genético passa por uma paisagem financeira traiçoeira.

A génese da terapia genética é uma sinfonia de engenho científico, mas os lugares da orquestra estão reservados a poucos privilegiados. São investidos milhares de milhões em investigação, ensaios e obstáculos regulamentares, uma aposta de alto risco na promessa de uma cura. É um jogo em que só os jogadores mais ricos se podem dar ao luxo de apostar.

Mesmo que uma terapia chegue ao mercado, o preço de admissão é muitas vezes astronómico. Uma injeção de um milhão de dólares torna-se um lembrete claro de que o futuro da medicina pode estar reservado à elite.

Para os doentes, o custo financeiro vai para além do preço do tratamento. As deslocações, as consultas de acompanhamento e os custos ocultos tornam-se uma companhia constante nesta viagem. Entretanto, os sistemas de saúde debatem-se com o peso de terapias exorbitantes, lutando para equilibrar os orçamentos e o acesso.

Será a terapia génica um investimento sensato? A resposta reside num cálculo complexo de custos e benefícios. Os estudos de custo-eficácia sugerem que, a longo prazo, a terapia génica pode dar dividendos, mas o investimento inicial pode ser devastador.

Para navegar neste labirinto financeiro, temos de explorar caminhos inovadores. Os acordos baseados em resultados, em que o pagamento depende do sucesso, e os modelos baseados em anuidades, que distribuem o custo ao longo do tempo, oferecem vislumbres de esperança. Mas o caminho a percorrer é longo e o destino permanece envolto em incerteza.

A história da terapia genética é um testemunho da resiliência humana e da ambição científica. É um conto de esperança e desespero, triunfo e sacrifício. À medida que nos aventuramos no território desconhecido da medicina genética, uma coisa é certa: o preço do progresso é elevado e os riscos são altos. A questão mantém-se: estamos dispostos a pagar o preço?

Impacto económico das terapêuticas com pequenas moléculas

Pequenas moléculas, grande impacto: A revolução económica no tratamento da AATD

Imaginem o tratamento da DDAA não como um soro intravenoso drenante, mas como um simples comprimido - cómodo, acessível e com potencial para mudar a vida. Esta é a promessa das terapias com pequenas moléculas, não só do ponto de vista médico, mas também económico.

Para além da etiqueta de preço: Uma visão económica holística

Embora o desenvolvimento destas pequenas maravilhas químicas envolva um investimento significativo, o custo global é insignificante em comparação com os produtos biológicos ou as terapias genéticas. Imagine um processo de fabrico simplificado, como fazer um bolo em vez de construir uma nave espacial. Isto traduz-se em custos mais baixos, que se traduzem em tratamentos mais acessíveis para os doentes e numa carga mais leve para os sistemas de saúde.

Quebrar o banco, não o espírito: Economia centrada no paciente

O encargo financeiro da AATD vai muito para além dos custos do tratamento. São os internamentos hospitalares, a reabilitação, o impacto na vida quotidiana. As terapias com pequenas moléculas têm o potencial de interromper este ciclo, oferecendo uma opção de tratamento mais eficaz e mais fácil de gerir.

Otimização dos recursos: A equação custo-eficácia

Não se trata apenas de ser mais barato; trata-se de oferecer um melhor valor. Os estudos sugerem que as terapias com pequenas moléculas podem ser mais rentáveis do que a terapia intravenosa tradicional, especialmente se melhorarem os resultados dos doentes e reduzirem a necessidade de tratamentos frequentes.

Efeitos de arrastamento: Aliviar a pressão sobre os cuidados de saúde

Menos visitas ao hospital, menos dependência de terapia intravenosa - as pequenas moléculas podem ter um efeito em cadeia, libertando recursos de cuidados de saúde e permitindo uma melhor afetação de fundos. É uma situação em que todos ganham: melhores cuidados para os doentes e um sistema de saúde mais eficiente.

Pequenas Moléculas, Grandes Sonhos: Um futuro de esperança

O impacto económico das terapêuticas com pequenas moléculas é uma história de esperança - esperança de tratamentos mais acessíveis, económicos e eficazes. É um futuro em que os doentes com AATD não estão apenas a sobreviver, mas a prosperar, sem o peso financeiro da sua doença.

A investigação e os ensaios clínicos em curso continuarão a revelar todo o potencial económico destas terapêuticas. Mas uma coisa é certa: as pequenas moléculas estão preparadas para revolucionar não só o tratamento da AATD, mas também o próprio panorama económico dos cuidados de saúde.

Considerações financeiras em ensaios clínicos

The Dollars and Sense of Clinical Trials (Os dólares e o sentido dos ensaios clínicos): Navegando no labirinto financeiro
Os ensaios clínicos são os heróis desconhecidos do progresso da medicina, abrindo caminho a tratamentos inovadores para doenças como a deficiência de alfa-1 antitripsina (AATD). Mas, nos bastidores, há um complexo ballet financeiro em jogo, que requer uma coreografia cuidadosa para manter a música a tocar. Vamos puxar a cortina para trás e explorar os dólares e o sentido dos ensaios clínicos.

Ensaios clínicos 101: Um curso rápido
Imagine os ensaios clínicos como uma peça de teatro com vários actos, em que cada fase se baseia na anterior para revelar a história completa de um novo tratamento:

Ato I: A segurança em primeiro lugar! Um pequeno elenco de corajosos voluntários testa as águas, assegurando que o tratamento não causa nenhum drama inesperado.
Ato II: Funciona? Os holofotes alargam-se, centrando-se na questão de saber se o tratamento cumpre o desempenho prometido.
Ato III: O Grande Final! Um conjunto mais alargado confirma a eficácia do tratamento e mantém-se atento a eventuais reviravoltas imprevistas.
Ato IV: O encore! O espetáculo prossegue, recolhendo críticas a longo prazo e assegurando que o tratamento continua a ser um prazer para o público.
A etiqueta de preço do progresso: Mostrem-me o dinheiro!
Realizar um ensaio clínico não é tarefa fácil e os custos podem aumentar rapidamente:

O nascimento de uma ideia: A centelha inicial da descoberta e a sua transformação num potencial tratamento requerem um investimento significativo em investigação e desenvolvimento.
Preparar o palco: Conceber o ensaio, escrever o guião e obter a luz verde das entidades reguladoras têm um preço.
Chamada para o casting: Encontrar e manter os participantes certos implica anunciar, selecionar e compensá-los pelo seu tempo e empenho.
Nos bastidores: Gerir os centros de ensaio, formar o pessoal e garantir que tudo corre bem requer uma supervisão e recursos constantes.
Análise de dados: Recolher, organizar e analisar dados de ensaios é como montar um puzzle complexo, exigindo ferramentas e conhecimentos especializados.
Cumprir as regras: Manter-se em conformidade com os regulamentos em constante mudança é uma dança contínua, com auditorias, inspecções e relatórios a aumentar a conta.
Financiamento do espetáculo: De onde vem o dinheiro?
Os ensaios clínicos dependem de um elenco diversificado de financiadores para se manterem activos:

Empresas farmacêuticas e biotecnológicas: Estes grandes actores pagam frequentemente a fatura, na esperança de introduzir novos tratamentos no mercado e colher os frutos.

Agências governamentais: Os campeões da saúde pública, como os NIH e a FDA, financiam a investigação que beneficia a sociedade no seu todo.
Organizações sem fins lucrativos: As fundações e os grupos de defesa dos doentes intervêm para apoiar a investigação de doenças específicas, movidos pela paixão e pelo objetivo.
Instituições académicas: As universidades e os centros de investigação contribuem com os seus próprios fundos e conhecimentos, alargando as fronteiras do conhecimento médico.
Seguros e reembolsos: A rede de segurança
A cobertura de seguro para a participação em ensaios clínicos é uma manta de retalhos, que varia consoante o país e o fornecedor. Nos EUA, o Affordable Care Act obriga à cobertura dos custos dos cuidados de rotina em ensaios aprovados para doenças graves, mas os participantes podem ainda ter de suportar despesas diretas.

A perspetiva do participante: Contabilizando o custo
Participar num ensaio clínico pode ser uma tarefa difícil para os doentes do ponto de vista financeiro:

Viagens e alojamento: As deslocações de e para os locais de ensaio, bem como as eventuais dormidas, podem sobrecarregar os orçamentos.
Perda de rendimentos: A ausência do trabalho para visitas de estudo pode significar o sacrifício de rendimentos.
Lacunas no seguro: Os co-pagamentos, as franquias e as despesas não cobertas podem acrescentar encargos financeiros inesperados.

Análise custo-efetividade: Ponderação do valor
A análise custo-efetividade ajuda a determinar se um novo tratamento vale o seu peso em ouro. É como comparar o preço de um bilhete com a qualidade do espetáculo:

Custos diretos: As despesas iniciais do próprio ensaio, como o tratamento, a monitorização e a gestão de dados.
Custos indirectos: Os custos ocultos suportados pelos participantes, como a perda de produtividade e as despesas de deslocação.
Resultados em termos de saúde: Os benefícios obtidos com o tratamento, como a melhoria da sobrevivência, a redução dos sintomas e a melhoria da qualidade de vida.
O dilema do patrocinador: equilibrar as contas
Os patrocinadores têm de fazer malabarismos com várias bolas financeiras para manter um ensaio à tona:

Orçamentação: Criar um plano financeiro realista que preveja todos os custos potenciais, incluindo surpresas inesperadas.
Financiamento: Garantir apoio financeiro suficiente para levar a cabo o ensaio, desde subsídios e patrocínios a investimentos de empresas.
Gestão de custos: Encontrar formas criativas de poupar dinheiro sem comprometer a qualidade, desde a otimização da conceção do ensaio até à negociação de contratos favoráveis.
O resultado final: Investir num futuro melhor
Os ensaios clínicos são um ato de equilíbrio financeiro, mas as potenciais recompensas são imensuráveis. Ao compreender os custos, as fontes de financiamento e o impacto económico, podemos garantir que estes esforços vitais continuam a alargar os limites da medicina e a melhorar a vida de inúmeros doentes. É um investimento num amanhã mais saudável e mais feliz.

Avaliação e monitorização da doença pulmonar em doentes com deficiência grave de alfa-1 antitripsina

Custos dos testes de diagnóstico

A etiqueta de preço do diagnóstico: Um mergulho profundo nos custos dos testes de diagnóstico Testes de diagnóstico: é como uma história de detetive médico, descobrindo pistas escondidas no nosso corpo para ajudar os médicos a diagnosticar, monitorizar e tratar doenças. Mas todas as boas histórias de detectives têm um preço, e o mundo dos testes de diagnóstico não é exceção. O custo destes testes pode variar imenso, o que faz com que tanto os doentes como os prestadores de cuidados de saúde tenham de navegar num cenário financeiro complexo.

O enigma do custo: o que determina o preço dos testes de diagnóstico?

Vários factores contribuem para o custo dos testes de diagnóstico, transformando-os de procedimentos simples em empreendimentos potencialmente dispendiosos. Estes factores incluem:

O teste em si: Alguns testes são mais elaborados do que outros. Pense numa análise ao sangue como uma conversa casual, enquanto uma ressonância magnética é um interrogatório completo - naturalmente, este último é mais caro.
Complexidade do procedimento: Alguns testes requerem equipamento especializado, pessoal altamente qualificado e tempos de processamento mais longos, o que contribui para o custo final.
Ambiente de cuidados de saúde: O local onde é feito o teste é importante. Os hospitais e centros especializados tendem a cobrar mais do que as clínicas de ambulatório.
Localização, localização, localização: Os custos podem variar consoante o local onde vive. As zonas urbanas ou regiões com custos de saúde mais elevados têm geralmente testes mais caros.
Cobertura de seguro: O seu plano de seguro pode ter um impacto significativo nos seus custos diretos. A cobertura para testes de diagnóstico varia muito.

AATD e o custo de manter os pulmões controlados

Um estudo de 2024 realizado por Miravitlles et al. centrou-se em doentes com deficiência grave de alfa 1 antitripsina (AATD), uma doença que afecta os pulmões. Este estudo destacou os custos específicos associados ao diagnóstico e à monitorização da doença pulmonar nestes doentes.

Espirometria: Este teste de função pulmonar comum pode custar entre $40 e $100.
Pletismografia corporal: Um teste de função pulmonar mais avançado, este pode custar-lhe entre 200 e 400 dólares.
Tomografia computadorizada de alta resolução (TCAR): Esta técnica de imagiologia pulmonar pormenorizada pode custar entre 500 e 1.500 dólares ou mais.
Monitorização da terapia de aumento: Os pacientes que recebem terapia de aumento necessitam de exames regulares, cada um custando entre US$ 50 e US$ 200, que se somam ao longo do tempo.
Os efeitos de arrastamento: O impacto económico mais vasto

O encargo financeiro dos testes de diagnóstico vai para além do preço dos próprios testes. Há custos indirectos a considerar, como a perda de produtividade devido ao tempo de ausência do trabalho, as despesas de deslocação e a potencial necessidade de testes de acompanhamento.

No entanto, é importante lembrar que os testes de diagnóstico, embora por vezes dispendiosos, podem ser incrivelmente valiosos. O diagnóstico e o tratamento precoces podem conduzir a melhores resultados em termos de saúde e, potencialmente, a custos de saúde mais baixos a longo prazo.

Navegar no labirinto dos custos: estratégias para gerir as despesas com testes de diagnóstico

Protocolos de testes padronizados: A racionalização dos procedimentos de teste pode ajudar a reduzir a variabilidade dos custos e garantir que os doentes recebem testes adequados e económicos.
Testes rentáveis em primeiro lugar: Os prestadores de cuidados de saúde podem dar prioridade aos testes que fornecem informações essenciais sem gastar muito.
Seguro e reembolso: Assegurar uma cobertura de seguro e um reembolso adequados pode aliviar os encargos financeiros dos doentes.
Educação dos doentes: A educação dos doentes sobre a importância e os custos potenciais dos testes de diagnóstico permite-lhes tomar decisões informadas.

O resultado final: Equilíbrio entre custos e cuidados

O custo dos testes de diagnóstico é uma questão complexa, sobretudo para os doentes com doenças crónicas como a AATD. Compreender os factores que determinam estes custos e adotar estratégias para os gerir pode ajudar a garantir que os doentes recebem os exames necessários sem enfrentarem dificuldades financeiras indevidas.

O estudo de Miravitlles et al. sublinha a necessidade de orientações claras para o diagnóstico e a monitorização da doença pulmonar em doentes com DDAA, promovendo práticas de teste mais normalizadas e económicas. Afinal de contas, o objetivo é prestar os melhores cuidados possíveis sem esvaziar a carteira dos doentes.

Encargos financeiros do controlo regular

O custo da vigilância: Dificuldades financeiras dos doentes com AATD
Imagine ter um ladrão persistente a espreitar nos seus pulmões, roubando-lhe lentamente o fôlego. Esta é a realidade das pessoas com deficiência grave de alfa 1 antitripsina (DAT), em que a monitorização regular se torna uma batalha crucial contra a progressão da doença pulmonar. Mas esta vigilância tem um preço - um encargo financeiro que pode pesar tanto para os doentes como para os sistemas de saúde.

Os instrumentos de diagnóstico de ponta utilizados para detetar a doença, como a espirometria e os exames de TCAR, são como detectives de alta tecnologia, essenciais para descobrir os movimentos do ladrão. No entanto, estas ferramentas têm um preço elevado, o que faz com que os doentes se sintam muitas vezes apanhados num fogo cruzado financeiro.

A necessidade de monitorização frequente acrescenta mais uma camada à pressão financeira. É como estar constantemente a controlar uma criança travessa, para garantir que não causou mais danos. Cada check-up, cada teste, aumenta a fatura, fazendo com que os doentes se perguntem como é que se vão aguentar.

A terapia de aumento, uma tábua de salvação para muitos com DTAA, é como contratar um guarda-costas para proteger os pulmões. Embora eficaz, esta proteção tem um preço elevado, o que agrava ainda mais os encargos financeiros.

A cobertura do seguro, ou a falta dela, pode ser um jogo cruel de azar, deixando os pacientes vulneráveis a despesas devastadoras. É como ser forçado a jogar roleta russa com a sua saúde, esperando que a bala financeira não o atinja.

A pressão sobre os sistemas de saúde é inegável. A procura constante de recursos, o elevado custo dos tratamentos - é como uma tempestade incessante que assola uma costa já de si frágil.

Para além do impacto monetário, o impacto psicológico e social não pode ser ignorado. A preocupação constante com as finanças, o stress da gestão dos tratamentos, pode fazer com que os doentes se sintam isolados e sobrecarregados, como se estivessem a afogar-se num mar de contas e de jargão médico.

Mas há esperança. A defesa de uma melhor cobertura de seguro, a simplificação das vias de tratamento, a sensibilização e a exploração de fontes de financiamento alternativas podem ajudar a aliviar este fardo. É como construir uma rede de apoio, uma rede de segurança para apanhar aqueles que estão a cair.

O encargo financeiro da monitorização regular dos doentes com DDAA é uma questão complexa, um nó górdio que precisa de ser desatado. Mas com um esforço de colaboração e soluções inovadoras, podemos ajudar os doentes a respirar mais facilmente, tanto a nível físico como financeiro. Lembre-se, não se trata apenas de tratar a doença, trata-se de cuidar da pessoa como um todo.

Custos da Reabilitação Pulmonar

O elevado preço de respirar facilmente: os desafios financeiros da reabilitação pulmonar para doentes com DDAA grave
A reabilitação pulmonar (RP) é uma tábua de salvação para as pessoas que lutam contra a deficiência grave de alfa 1 antitripsina (DAT), oferecendo um caminho para melhorar a função pulmonar e uma melhor qualidade de vida.

No entanto, tal como muitas linhas de vida, tem um preço elevado. Este encargo financeiro pode ser avassalador tanto para os doentes como para os sistemas de saúde.

Custos médicos diretos: O preço na sua carteira

Imagine as RP como uma máquina multifacetada, cada peça vital mas dispendiosa.

Profissionais de saúde: Pense nos pneumologistas, fisioterapeutas e terapeutas respiratórios como os mecânicos especializados que mantêm a máquina a funcionar. Os seus conhecimentos não são baratos.
Medicamentos: Tal como o combustível para a máquina, os medicamentos são essenciais. Mas estes broncodilatadores, corticosteróides e antibióticos podem esgotar rapidamente os seus recursos, especialmente se forem utilizados a longo prazo.
Equipamento médico: Desde as botijas de oxigénio aos nebulizadores, estas são as peças especializadas da máquina. Comprá-las ou alugá-las pode representar um grande revés financeiro.

Custos indirectos: As despesas ocultas

Para além das despesas médicas óbvias, há custos menos visíveis que podem surgir.

Deslocação: Os centros especializados de relações públicas podem estar a quilómetros de distância, exigindo viagens dispendiosas. O transporte, o alojamento e as refeições podem ser rapidamente acumulados.
Perda de rendimentos: As sessões de relações públicas implicam, muitas vezes, uma ausência do trabalho, o que se traduz numa perda de salário. Se não tiver licença médica paga, isto pode ser um golpe duplo.
Custos para o prestador de cuidados: Alguns doentes precisam de ajuda para navegar no seu percurso de RP. Contratar um prestador de cuidados ou depender de um membro da família que sacrifica o seu rendimento pode criar uma pressão adicional.
O panorama geral: Impacto nos sistemas de saúde

Os efeitos financeiros da RP vão muito para além dos doentes individuais, sobrecarregando os recursos dos cuidados de saúde. A prestação destes serviços é dispendiosa, e o estudo de Miravitlles et al. (2024) sublinha a necessidade de abordagens de tratamento mais inteligentes e normalizadas para otimizar os custos.

Custo-eficácia: O lado bom da história

Apesar dos custos elevados, a RP não é um buraco negro financeiro. A melhoria da função pulmonar, menos hospitalizações e uma melhor qualidade de vida podem compensar o investimento inicial. Trata-se de um jogo a longo prazo em que investir na RP hoje pode levar a poupanças amanhã.

Aliviar a carga: Estratégias para o alívio financeiro

Há formas de tornar as RP mais económicas.

Melhores seguros: A defesa de uma cobertura abrangente pode reduzir as despesas diretas, garantindo que os medicamentos e o equipamento estão ao alcance.
Tratamento padronizado: A otimização das vias de tratamento garante que os doentes recebem o tratamento mais eficaz sem custos desnecessários.
Sensibilização e educação: Conhecimento é poder. Informar os doentes sobre os benefícios da RP e os programas de ajuda financeira disponíveis pode permitir-lhes tomar decisões informadas.
Financiamento alternativo: Os programas governamentais e as instituições de solidariedade social podem oferecer uma ajuda, colmatando a lacuna financeira para os necessitados.
Conclusão

O custo de respirar tranquilamente com a AATD grave é elevado, mas é um investimento que vale a pena considerar. Embora os desafios sejam inegáveis, existem estratégias para aliviar o fardo financeiro. Com melhores seguros, cuidados normalizados e maior consciencialização, a RP pode ser um farol de esperança e não uma fonte de desespero financeiro. Lembre-se, cada respiração conta e vale a pena lutar por ela.

Impacto financeiro da progressão da doença

O pesado tributo: Progressão da doença e impacto financeiro nos doentes com AATD

Imagine um relógio a fazer tique-taque, em contagem decrescente constante, enquanto a marcha implacável da progressão da doença lança uma sombra sinistra. Para as pessoas que lutam contra a deficiência grave de alfa 1 antitripsina (DATA), esta sombra não é apenas a do declínio da saúde, mas também a do aumento das dificuldades financeiras. O estudo de Miravitlles et al. (2024) revela esta dura realidade, revelando um panorama de custos diretos e indirectos que podem envolver os doentes e sobrecarregar os sistemas de saúde.

Custos médicos diretos: Uma cascata de despesas

Como uma série de peças de dominó em queda, a progressão da AATD desencadeia uma cascata de custos médicos diretos. Imagine uma pilha crescente de contas médicas: consultas frequentes com especialistas, medicamentos para gerir uma sinfonia de sintomas, internamentos hospitalares que mais parecem férias prolongadas e a necessidade constante de equipamento médico. Cada dominó aumenta o fardo financeiro, deixando frequentemente os doentes e as suas famílias a braços com uma sensação de ansiedade avassaladora.

Custos indirectos: O preço oculto

O impacto financeiro da AATD estende-se muito para além das paredes do hospital. Entra em todos os cantos da vida, obrigando os doentes a confrontarem-se com uma realidade dolorosa. A perda de rendimentos devido a dias de trabalho perdidos, o custo inesperado da contratação de prestadores de cuidados e a despesa sempre presente das deslocações para tratamentos especializados dão uma imagem de uma vida perturbada. Estes custos indirectos, muitas vezes ignorados, podem fazer com que os doentes se sintam isolados e presos num ciclo de incerteza.

Um efeito de cascata: A pressão sobre os sistemas de saúde

O peso financeiro da AATD não se limita aos doentes individuais. Repercute em sistemas de saúde inteiros, colocando uma pressão sobre recursos preciosos. Tal como um rio que transborda as suas margens, o custo dos cuidados a estes doentes pode inundar os orçamentos, deixando os prestadores de cuidados de saúde com escolhas difíceis. Miravitlles et al. (2024) fazem soar o alarme, sublinhando a necessidade urgente de vias de tratamento simplificadas e de diretrizes para navegar nestas águas turbulentas.

Intervenção precoce: Um farol de esperança

No meio deste cenário de dificuldades financeiras, brilha um farol de esperança: a intervenção precoce. Tal como um guardião vigilante, o diagnóstico precoce e a gestão proactiva podem ajudar a atenuar o impacto económico devastador da DTA. Ao investir na intervenção precoce, os prestadores de cuidados de saúde podem construir uma barragem contra a maré crescente de custos e dar aos doentes a possibilidade de recuperarem as suas vidas.

Navegando na tempestade: Estratégias para mitigar o fardo financeiro

Embora o impacto financeiro da AATD possa parecer avassalador, existem estratégias para enfrentar a tempestade. É necessária uma frente unida, que defenda uma melhor cobertura dos seguros, vias de tratamento normalizadas e uma maior sensibilização e educação. Explorando fontes de financiamento alternativas e capacitando os doentes com conhecimentos, podemos construir um bote salva-vidas, oferecendo uma tábua de salvação aos que enfrentam dificuldades financeiras.

Em conclusão

O custo financeiro da progressão da doença na AATD é uma recordação pungente da interligação entre a saúde e a riqueza. Miravitlles et al. (2024) oferecem um roteiro para abordar esta questão complexa. Ao promover a colaboração e a inovação, podemos criar um futuro mais risonho para os doentes com DTAA, um futuro em que as dificuldades financeiras não ofusquem a viagem em direção a uma saúde melhor.

Seguros e reembolsos para acompanhamento e reabilitação

O caminho para o controlo da doença pulmonar na deficiência grave de alfa 1 antitripsina (DAAT) é muitas vezes pavimentado com obstáculos financeiros. Os seguros e os reembolsos funcionam como pontes cruciais para ultrapassar estes obstáculos, garantindo que os doentes podem aceder a serviços vitais de monitorização e reabilitação sem serem esmagados pelo peso das contas médicas. O estudo de Miravitlles et al. (2024) lança uma luz sobre o complexo panorama da cobertura dos seguros para os doentes com DDAA, iluminando as disparidades e desigualdades que persistem.

O labirinto dos seguros

Navegar pela cobertura do seguro para a AATD é como atravessar um labirinto. Uma curva errada e os doentes podem perder-se num emaranhado de exclusões e limitações. O estudo destaca as inconsistências na cobertura de ferramentas de diagnóstico essenciais, como a espirometria e os exames de TCAR. Estes exames são a bússola que orienta os médicos na avaliação da progressão da doença e na adaptação dos planos de tratamento, mas a sua disponibilidade está frequentemente sujeita aos caprichos das apólices de seguro.
Do mesmo modo, a terapia de aumento, que muda a vida de muitos doentes com AATD, nem sempre está ao seu alcance devido aos custos elevados e à cobertura irregular dos seguros. O estudo revela a dura realidade de que as barreiras financeiras podem impedir os doentes de aceder a este tratamento essencial.

A reabilitação pulmonar (RP), a pedra angular da gestão das doenças pulmonares, é outra área em que a cobertura dos seguros pode ser um obstáculo. O estudo sublinha a importância da RP na melhoria da qualidade de vida e na redução dos internamentos, mas o reembolso destes programas continua a ser um desafio.

Os custos invisíveis

Mesmo com seguro, os doentes com AATD não estão imunes ao impacto das despesas diretas. Os co-pagamentos, as franquias e os serviços não cobertos podem acumular-se, criando um encargo financeiro que pode ser avassalador. O estudo sublinha a necessidade de políticas que reduzam estes custos e melhorem o acesso aos cuidados.

Um apelo à mudança

O estudo apresenta uma imagem de um sistema que necessita de reformas. As disparidades na cobertura dos seguros com base na localização geográfica e no estatuto socioeconómico são inaceitáveis. São essenciais políticas padronizadas que garantam um acesso equitativo a ferramentas de diagnóstico, terapia de aumento e RP.

A defesa, a educação e a colaboração são as ferramentas que podem ajudar a remodelar o panorama dos seguros para os doentes com AATD. Ao aumentar a consciencialização, fazer lobby para mudanças nas políticas e trabalhar com as seguradoras, podemos criar um sistema que dê prioridade às necessidades dos doentes e elimine as barreiras financeiras aos cuidados.

O caminho para gerir a AATD é longo e sinuoso, mas com uma cobertura de seguro e reembolso adequados, pode ser uma viagem em direção a uma melhor saúde e bem-estar, e não uma luta financeira. É altura de colmatar as lacunas na cobertura e garantir que todos os doentes com AATD têm acesso aos cuidados de que necessitam para respirar melhor.

Carga económica da deficiência de alfa-1 antitripsina: Uma revisão sistemática

O peso financeiro da deficiência de alfa-1 antitripsina (AATD) não se resume a números numa folha de cálculo; é um fardo pesado que os doentes e as suas famílias carregam. Imagine um fluxo constante de facturas hospitalares por infecções pulmonares, complicações hepáticas e o ciclo interminável de visitas a especialistas. O preço dos medicamentos aumenta, desde os broncodilatadores até à terapia de aumento que salva vidas. Cada teste de diagnóstico, cada tomografia computorizada, cada teste de função pulmonar, corta a segurança financeira.

É um efeito dominó. A AATD desencadeia uma cascata de necessidades médicas, cada uma com o seu próprio preço. Os internamentos hospitalares por exacerbações agudas podem ser longos e intensivos, aumentando os custos de internamento. As consultas externas tornam-se uma rotina regular, um ritmo de consultas e exames. O custo do material médico, como as botijas de oxigénio e os nebulizadores, aumenta ainda mais a pressão financeira.

Para além das despesas médicas diretas, há o custo oculto da perda de produtividade, dos dias de trabalho perdidos e da pressão sobre os prestadores de cuidados. É uma corda bamba financeira, um ato de equilíbrio constante entre gerir a doença e manter a estabilidade financeira.

Mas há esperança no horizonte. O diagnóstico e a intervenção precoces podem alterar a trajetória, prevenindo complicações graves e reduzindo a necessidade de hospitalizações dispendiosas. A terapêutica de reforço, embora dispendiosa, pode abrandar a progressão da doença pulmonar, o que pode poupar nos custos médicos a longo prazo. A gestão abrangente dos cuidados, centrada na coordenação dos cuidados e na educação do doente, pode conduzir a melhores resultados em termos de saúde e a menos visitas ao hospital.

A prevenção é fundamental. Incentivar hábitos saudáveis, como a cessação do tabagismo e a vacinação, pode reduzir significativamente o risco de complicações, ajudando a evitar as pesadas facturas médicas. Trata-se de dar aos doentes a possibilidade de assumirem o controlo da sua saúde, um passo de cada vez.

O peso económico da AATD é inegável, mas não é insuperável. Ao compreender os factores que determinam estes custos e ao implementar intervenções específicas, podemos aliviar a carga financeira dos doentes e das suas famílias. Trata-se de encontrar um equilíbrio, em que gerir a doença não significa sacrificar o bem-estar financeiro. É uma viagem em direção a um futuro mais risonho, em que os doentes com AATD podem prosperar sem a preocupação constante das contas médicas a pairar no ar.

Custos indirectos e perda de produtividade

A sombra económica lançada pela deficiência de alfa-1 antitripsina (AATD) vai muito além dos números das contas médicas. Os custos indirectos desta doença genética rara, que se repercutem na vida dos doentes e das suas famílias, têm um impacto financeiro profundo.

Imagine uma vida interrompida por consultas médicas frequentes, internamentos hospitalares e a fadiga implacável da DDAA. Para muitos, o trabalho torna-se um campo de batalha, com os dias perdidos a acumularem-se e a concentração a diminuir no meio do nevoeiro da doença. O custo não recai apenas sobre o indivíduo - os empregadores debatem-se com as despesas de contratação e formação de substitutos, especialmente em áreas especializadas em que os conhecimentos são duramente conquistados.

Mesmo para aqueles que conseguem manter-se empregados, a produtividade pode cair a pique. O peso invisível dos sintomas da AATD pode fazer com que até as tarefas mais simples se tornem um desafio, conduzindo a uma diminuição da produção e a um efeito de cascata em todo o ecossistema económico.

Os prestadores de cuidados, muitas vezes membros da família empurrados para papéis exigentes, também suportam o peso dos custos indirectos. Conciliar o trabalho com as responsabilidades de prestação de cuidados pode levar à redução do horário de trabalho, à perda de promoções e até à perda do emprego. A pressão financeira é imensa, uma vez que o rendimento potencial desaparece no meio das exigências incessantes de cuidar de um ente querido.

A AATD não é apenas uma luta pessoal, é também uma luta económica. Os estudos mostram que os custos indirectos podem rivalizar ou mesmo exceder as despesas médicas diretas, sublinhando a necessidade urgente de uma abordagem multifacetada para gerir esta doença complexa.

Felizmente, há réstias de esperança. O diagnóstico e a intervenção precoces podem evitar complicações graves e reduzir a perda de trabalho. Os programas de gestão de cuidados abrangentes fornecem uma linha de vida, permitindo que os doentes assumam o controlo da sua saúde e minimizem a necessidade de visitas ao hospital.

O apoio aos prestadores de cuidados, incluindo cuidados temporários e assistência financeira, pode aliviar a sua carga e permitir-lhes manter a sua própria produtividade. E as adaptações no local de trabalho, como horários flexíveis e opções de trabalho à distância, podem ajudar os doentes a manter o emprego e a contribuir para a economia.

A AATD pode lançar uma longa sombra, mas não tem de ser uma sentença de morte económica. Ao compreendermos os custos ocultos desta doença e ao implementarmos soluções proactivas, podemos capacitar os doentes, apoiar os prestadores de cuidados e criar um futuro mais equitativo e produtivo para todos os que são afectados pela AATD.

Impacto socioeconómico da AATD

O elevado custo da AATD: para além das contas médicas
A deficiência de alfa-1 antitripsina (AATD), embora rara, projecta uma longa sombra sobre as vidas que toca. Para além dos internamentos hospitalares e dos medicamentos, esta doença genética deixa um rasto de dificuldades financeiras, tensão emocional e isolamento social.

O custo financeiro:

A AATD é uma doença dispendiosa, e não apenas devido às despesas médicas. É o efeito dominó que atinge duramente os doentes e as suas famílias:

Custos médicos diretos: Os internamentos frequentes, os medicamentos dispendiosos (como a terapia de aumento) e os exames contínuos aumentam rapidamente.
Os custos ocultos: Os salários perdidos devido a faltas ao trabalho, reformas antecipadas e o encargo financeiro dos prestadores de cuidados são frequentemente ignorados, mas igualmente devastadores.

Para além do balanço:

O impacto da AATD vai muito para além da carteira. Afecta o próprio tecido da vida:

A qualidade de vida é afetada: A luta constante contra a falta de ar, a fadiga e as infecções pode fazer com que os doentes se sintam presos no seu próprio corpo. O impacto emocional da ansiedade, depressão e isolamento social pode ser igualmente debilitante.
O trabalho e a vida familiar são afectados: A redução da capacidade de trabalho, a reforma antecipada e as preocupações financeiras exercem uma enorme pressão sobre os indivíduos e as famílias. A pressão sobre as relações e as ligações sociais pode levar a um maior isolamento.
Uma réstia de esperança: Sistemas de apoio:

Embora os desafios da AATD sejam imensos, há esperança. O acesso a cuidados de saúde abrangentes, a recursos comunitários e a grupos de apoio pode fazer toda a diferença:

Serviços de cuidados de saúde: O acesso a cuidados especializados e a medicamentos pode ajudar a gerir os sintomas e a melhorar a qualidade de vida.
Recursos da comunidade: Os grupos de apoio, o aconselhamento e os programas educativos oferecem uma linha de vida para os doentes e as famílias que navegam nas complexidades da AATD.
O caminho a seguir:

A abordagem do impacto socioeconómico da AATD exige uma abordagem multifacetada. Os prestadores de cuidados de saúde, os responsáveis políticos e as comunidades devem trabalhar em conjunto para:

Melhorar o acesso aos cuidados: Assegurar que os doentes têm acesso aos cuidados especializados e aos medicamentos de que necessitam.
Expandir os sistemas de apoio: Aumentar o financiamento de recursos comunitários e grupos de apoio.
Aumentar a consciencialização: Educar o público sobre a AATD e o seu impacto para reduzir o estigma e aumentar a compreensão.
Ao abordar todo o espetro de desafios associados à AATD, podemos ajudar os doentes e as famílias não só a sobreviver, mas também a prosperar. Trata-se de mais do que apenas tratar a doença; trata-se de capacitar os indivíduos para viverem vidas plenas e significativas face à adversidade.

Custo-eficácia das intervenções de saúde pública

O enigma económico da Alfa-1: revelar o valor das intervenções de saúde pública
A Deficiência de Alfa-1 Antitripsina (AATD) não é apenas um enigma médico, é também um enigma económico. Sendo uma doença genética rara, a AATD deixa a sua marca nos pulmões e no fígado, desencadeando uma cascata de complicações de saúde que podem ser devastadoras tanto a nível físico como financeiro.

Mergulhamos na intrincada dança da análise custo-efetividade (CEA) - a ferramenta que nos ajuda a decifrar o verdadeiro valor das intervenções de saúde pública para a DTAA. Pense na AEC como uma balança, pesando o pesado fardo dos custos contra o poder edificante da melhoria dos resultados de saúde.

Terapia de aumento: Uma linha de vida cara

A terapia de aumento, um farol de esperança para os doentes com AATD, tem um preço elevado. Os custos anuais atingem as dezenas de milhares de dólares. É um ato de equilíbrio: o potencial para abrandar a marcha implacável da doença pulmonar versus a pressão financeira que coloca nos indivíduos e nos sistemas de saúde. Estudos sugerem que pode ser uma tábua de salvação que vale o custo, oferecendo uma melhor qualidade de vida e menos visitas ao hospital.

Diagnóstico precoce: Um ponto no tempo salva nove

Imagine apanhar a AATD na sua infância, cortando as complicações pela raiz. É esse o poder do diagnóstico precoce. O investimento inicial no rastreio e nos testes de diagnóstico pode evitar uma futura avalanche de despesas médicas. Pense nisto como plantar uma semente de prevenção, que dá origem a uma colheita de vidas mais saudáveis e a uma redução dos encargos económicos.

Cuidados integrais: Promover a saúde, gerir os custos

Os cuidados abrangentes são como uma rede de segurança, tecida com monitorização regular, educação do doente e planos de tratamento coordenados. Permite aos doentes gerir a sua doença, evitando hospitalizações e complicações dispendiosas. Os custos iniciais desta abordagem holística podem abrir caminho a poupanças significativas a longo prazo, proporcionando uma melhor qualidade de vida e uma carga financeira mais leve.

A história que se desenrola

Apesar de termos descoberto conhecimentos promissores sobre a relação custo-eficácia das intervenções no âmbito das DTAA, a história está longe de ter terminado. Trata-se de uma narrativa dinâmica, com novas investigações a acrescentarem continuamente capítulos e a reescreverem o final.

Enquanto prestadores de cuidados de saúde, decisores políticos e comunidades, temos de lidar com as implicações económicas da DTAA. É um apelo à ação, que nos incita a investir sabiamente em intervenções que ofereçam o maior valor tanto para os doentes como para a sociedade. Não estamos apenas a gerir uma doença; estamos a moldar um futuro em que a saúde e o bem-estar financeiro estão interligados.

Considerações sobre políticas e financiamento

Um sopro de esperança: traçar um rumo para a política e o financiamento da AATD

Imagine um mundo onde uma simples respiração pode ser uma luta, onde uma peculiaridade genética lança uma sombra sobre a saúde dos pulmões e do fígado. Esta é a realidade das pessoas que vivem com Deficiência de Alfa-1 Antitripsina (AATD), uma doença rara que exige a nossa atenção, compaixão e ação estratégica.

Para além dos pensos rápidos: A urgência da política

Não se trata apenas de tratar os sintomas; trata-se de criar uma rede de segurança que apanhe os indivíduos antes de caírem. As políticas de saúde devem promover o rastreio e o diagnóstico precoces, dando às pessoas em risco a possibilidade de assumirem o controlo do seu percurso de saúde. Imaginem um futuro em que a AATD é detectada na sua infância e em que o seu potencial de dano é cortado pela raiz.

Mas as políticas, por si só, não são suficientes. As diretrizes de tratamento abrangentes, semelhantes a um roteiro de confiança, devem orientar os prestadores de cuidados de saúde através das complexidades da gestão da DTA. Imagine um mundo em que todos os doentes, independentemente da sua localização ou meios financeiros, têm acesso aos mais recentes cuidados baseados em provas.

Alimentar a luta: O poder do financiamento

A investigação é a força vital do progresso, a faísca que dá origem a novos tratamentos e terapias. Imagine um mundo em que o financiamento dedicado impulsiona a investigação da AATD, desvendando os segredos desta doença enigmática e abrindo caminho para um futuro mais risonho.

Mas a investigação não é a única área que necessita de apoio. Um financiamento adequado dos serviços de saúde e dos programas de apoio aos doentes é igualmente vital. Imagine um mundo onde as clínicas de AATD florescem, onde profissionais compassivos guiam os doentes ao longo do seu percurso e onde os encargos financeiros não impedem o acesso a tratamentos que mudam a vida.

Unidos estamos: A força da colaboração

A batalha contra a AATD não é para ser travada sozinha. Exige uma sinfonia de colaboração entre os sectores público e privado, cada um desempenhando o seu papel único neste movimento crítico. Imagine um mundo onde as agências governamentais, as organizações de cuidados de saúde, as empresas farmacêuticas e os doadores filantrópicos unem forças, criando uma melodia harmoniosa de apoio às pessoas que vivem com a DTA.

Uma visão para o futuro: Recomendações políticas

Das cinzas da investigação e das experiências vividas, ergue-se uma fénix de esperança. Defendamos políticas que dêem prioridade ao rastreio e diagnóstico precoce, que capacitem os prestadores de cuidados de saúde com diretrizes de tratamento abrangentes e que eliminem as barreiras à prestação de cuidados equitativos.

Vamos investir no futuro da investigação da AATD, alimentando as chamas da descoberta e da inovação. Vamos criar um mundo onde os programas de apoio aos doentes floresçam, oferecendo uma linha de vida de educação, aconselhamento e assistência financeira.

E vamos alimentar o espírito de colaboração, fomentando parcerias público-privadas que abram caminho a um futuro mais risonho.

O último suspiro: Um apelo à ação

A AATD pode ser rara, mas o seu impacto é profundo. Vamos responder ao apelo, abraçando o desafio com uma determinação inabalável. Juntos, podemos reescrever a narrativa da AATD, transformando uma história de luta numa história de resiliência, esperança e, finalmente, triunfo.

Custo-eficácia da terapia de reforço para a deficiência de alfa-1 antitripsina

Análise comparativa custo-eficácia

Decifrar o código da relação custo-eficácia: Um Guia Amigável

Imagina o seguinte: És um caçador de tesouros com recursos limitados. Tem um mapa e uma bússola, mas precisa de escolher o local de escavação mais promissor. A análise comparativa custo-eficácia (AEC) é o seu fiel detetor de metais, ajudando-o a encontrar ouro sem gastar muito.

O mapa do tesouro

A metodologia do CEA é o seu mapa do tesouro. Descreve os passos para desenterrar as jóias escondidas:

X Marks the Spot: Identificar os tesouros que procura (as intervenções).
Contagem de dobrões: Calcular o custo de cada expedição.
Pesar o saque: Avaliar o valor de cada tesouro potencial.
O rácio de ouro: Divida o custo pelo valor para encontrar a melhor relação custo/benefício.
Areias movediças: Testa as tuas suposições para ver se o mapa do tesouro ainda é verdadeiro.
Caça ao tesouro no mundo real: Deficiência de alfa-1 antitripsina

Um estudo de Sieluk et al. (2019) leva-nos a uma caça ao tesouro no mundo dos cuidados de saúde. Eles exploraram o custo da terapia de aumento para a deficiência de alfa-1 antitripsina (AATD), uma doença genética que pode levar a problemas pulmonares.

O Tesouro: A terapia de aumento ajuda a gerir a AATD.
O custo: A terapia é cara.
O valor: Previne danos adicionais nos pulmões, melhorando a qualidade de vida.
O rácio de ouro: O estudo ponderou o custo e o valor para ajudar a tomar decisões de tratamento informadas.

CEA: O canivete suíço

A CEA não se destina apenas aos cuidados de saúde. É uma ferramenta versátil utilizada em muitos domínios:

Cuidados de saúde: Desde vacinas a rastreios de cancro, o CEA ajuda a maximizar os benefícios de saúde dentro dos limites orçamentais.
Educação: Ajuda os decisores políticos a decidir onde investir na educação para obter o maior impacto.
Políticas públicas: Da redução da pobreza à proteção do ambiente, o CEA ajuda a tirar o máximo partido dos fundos públicos.
As advertências

Como qualquer caça ao tesouro, a CEA tem os seus desafios:

Mapas incompletos: Por vezes, os dados sobre os custos e os resultados são escassos.

Tesouros subjectivos: Medir o valor dos resultados pode ser complicado.
Viagem no tempo: O desconto de custos e benefícios futuros requer uma análise cuidadosa.
A equidade em primeiro lugar: A AEC centra-se na eficiência, mas a equidade também deve ser considerada.
A grande final

A análise comparativa custo-eficácia é a sua bússola num mundo de recursos limitados. Ajuda-o a navegar em decisões complexas e a encontrar o melhor valor para o seu investimento. Lembre-se, o tesouro nem sempre é o objeto mais brilhante; é aquele que mais enriquece as vidas.

Impacto financeiro a longo prazo da terapia de aumento

Terapia de aumento: O elevado custo de respirar facilmente
A terapia de aumento oferece uma tábua de salvação às pessoas com deficiência de alfa-1 antitripsina (AATD), uma doença que pode parecer uma sufocação lenta. Como um escudo protetor, retarda a marcha implacável dos danos nos pulmões. Mas este escudo tem um preço elevado, que se repercute em todo o sistema de saúde.

O controlo da realidade financeira
O estudo de Sieluk et al. (2019) traça um quadro muito claro. É como comparar um passeio de lazer no parque com uma subida ao Monte Everest. O encargo financeiro para aqueles que usam a terapia de aumento é colossal, atingindo um valor impressionante de $127.537 por ano, enquanto aqueles que não a usam enfrentam um valor comparativamente gerenciável de $15.874. É como se a própria terapia fosse uma fera faminta, devorando 75,3% da diferença total de custos.

Não se trata apenas de números abstractos. Trata-se de pessoas reais que enfrentam escolhas reais. Para os doentes, é a decisão angustiante entre pagar um tratamento que lhes pode salvar a vida ou pôr comida na mesa. Para as seguradoras, trata-se de um dilema entre fornecer uma cobertura crucial e manter a estabilidade financeira. Para o sistema de saúde, é um ato de malabarismo constante, tentando atribuir recursos limitados face a exigências cada vez maiores.

Ponderação dos custos e benefícios
É uma equação complexa. Por um lado, há o inegável benefício clínico - uma hipótese de respirar mais facilmente, de viver uma vida mais plena. Por outro lado, há a dura realidade financeira, o potencial para dívidas e dificuldades financeiras para toda a vida.

Não se trata apenas dos custos imediatos. Trata-se das implicações a longo prazo. Tem a ver com o potencial de redução de hospitalizações, menos dias de trabalho perdidos e uma melhor qualidade de vida. Trata-se de pesar o intangível contra o tangível, a esperança de um futuro mais saudável contra os números frios e duros.

Navegar pelos desafios
O caminho a seguir está repleto de desafios. Os custos elevados, o acesso limitado, a variabilidade dos resultados - todos estes são obstáculos que têm de ser ultrapassados. Trata-se de encontrar soluções inovadoras, explorar modelos de financiamento alternativos e defender políticas que dêem prioridade às necessidades dos doentes.

É também uma questão de equidade. Trata-se de garantir que toda a gente, independentemente da sua situação financeira, tenha acesso ao tratamento de que necessita para respirar. Trata-se de criar um sistema em que o custo de respirar facilmente não deixe as pessoas sem ar em termos financeiros.

O caminho a seguir
A terapia de aumento é um farol de esperança, mas é uma esperança que tem um custo elevado. É uma chamada de atenção para o facto de os cuidados de saúde não serem apenas uma questão de ciência e medicina, mas também de economia e ética. Trata-se de encontrar um equilíbrio entre a compaixão e a responsabilidade fiscal, entre as necessidades individuais e as restrições sociais.

A viagem que temos pela frente é longa e sinuosa, mas é uma viagem que vale a pena fazer. Trata-se de lutar por um futuro em que o sopro da vida não seja um luxo, mas um direito. Trata-se de criar um mundo em que toda a gente, independentemente das suas circunstâncias, possa respirar tranquilamente, tanto física como financeiramente.

Custo-eficácia de diferentes produtos de aumento

Equilíbrio entre custos e benefícios: Escolher o produto de aumento correto para a deficiência de alfa-1 antitripsina
Um investimento necessário
Gerir a deficiência de alfa-1 antitripsina (AATD) significa muitas vezes andar na corda bamba entre a necessidade da terapêutica de aumento e o seu elevado preço. Tal como um consultor financeiro que orienta um cliente, temos de ponderar cuidadosamente a relação custo-eficácia de cada produto de aumento para garantir o melhor resultado possível sem gastar muito dinheiro.

O estudo diz...
A investigação pioneira de Sieluk et al. (2019) revela a dura realidade dos custos do tratamento da AATD nos Estados Unidos. É claro que a terapia de aumento, embora vital, vem com um encargo financeiro significativo, principalmente devido ao alto custo dos próprios produtos. No entanto, renunciar ao tratamento não é uma opção viável, pois pode levar a custos ainda mais elevados no futuro, devido ao aumento de hospitalizações e complicações.

Uma multiplicidade de escolhas
O mercado de produtos de aumento de volume é como um mercado movimentado, cada vendedor disputando a sua atenção com as suas ofertas únicas. Temos o bem estabelecido Prolastin-C, o Aralast NP de alta pureza, o consistente Zemaira e o cómodo Glassia. Cada produto apresenta as suas próprias vantagens, mas a sua relação custo-eficácia varia muito. É como escolher entre um sedan fiável, um carro desportivo de luxo, um SUV versátil ou um hatchback compacto e eficiente em termos de combustível.

Para além da etiqueta de preço
Ao avaliar os produtos de aumento, é crucial ir além do preço de etiqueta. Pense nisto como comprar uma casa: é necessário ter em conta não só o custo inicial, mas também as despesas de manutenção contínuas. Temos de ter em conta os custos de administração, os potenciais efeitos secundários e, mais importante ainda, o impacto na qualidade de vida do doente.

O enigma da relação custo-eficácia
Determinar a verdadeira relação custo-eficácia de cada produto é um quebra-cabeças complexo. Não se trata apenas de comparar preços, mas também de medir resultados intangíveis como os

anos de vida ajustados pela qualidade (QALY). É como tentar medir a felicidade ou o amor - é subjetivo e pode variar de pessoa para pessoa.

Desafios e limitações
Mesmo com a análise custo-eficácia mais sofisticada, existem limitações. É como tentar prever o tempo - há sempre variáveis imprevistas que podem afetar os cálculos. A disponibilidade de dados, a subjetividade das medições de resultados e até a taxa de desconto utilizada podem influenciar os resultados.

A linha de fundo
A escolha do produto de aumento correto é um ato de equilíbrio delicado entre custo e benefício. Trata-se de encontrar o ponto ideal onde o investimento financeiro produz a maior melhoria na saúde e no bem-estar do doente. É uma decisão que requer uma ponderação cuidadosa, colaboração entre os prestadores de cuidados de saúde e os doentes, e uma vontade de navegar pelas complexidades do sistema de saúde.

Considerações financeiras para os prestadores de cuidados de saúde

O ato de equilíbrio dos cuidados de saúde: Navegar pelas considerações financeiras para obter cuidados óptimos

No intrincado mundo dos cuidados de saúde, os prestadores de serviços enfrentam um ato de equilíbrio contínuo entre a prestação de serviços médicos vitais e a manutenção da saúde financeira. O panorama fiscal dos profissionais de saúde é uma tapeçaria complexa tecida com fios de gestão de custos, geração de receitas e mitigação de riscos. Este equilíbrio intrincado é iluminado por pesquisas como o estudo de Sieluk et al. (2019) sobre as implicações de custo da terapia de aumento para pacientes com deficiência de alfa-1 antitripsina (AATD).

Gestão de custos: A arte da prudência fiscal

As conclusões do estudo sublinham os custos substanciais associados à terapia de aumento, chamando a atenção para a importância de uma gestão eficaz dos custos para os prestadores de cuidados de saúde. Trata-se de uma dança delicada que consiste em reduzir as despesas e, ao mesmo tempo, manter a qualidade dos cuidados prestados aos doentes.

As estratégias de gestão de custos incluem uma orçamentação meticulosa, negociações inteligentes com fornecedores, otimização da atribuição de recursos e relatórios financeiros diligentes. Isto permite aos fornecedores identificar e abordar áreas de tensão financeira, assegurando que os recursos são utilizados de forma sensata e eficaz.

Geração de receitas: A linha de vida dos cuidados de saúde

Para os prestadores de cuidados de saúde, a geração de receitas é a força vital que sustenta as operações e alimenta as melhorias nos cuidados aos doentes. Trata-se de um esforço multifacetado que engloba faturação e codificação precisas, processos de reembolso de seguros simplificados, cobrança eficiente dos pagamentos dos doentes e a adoção de modelos de cuidados baseados no valor.

A transição para os cuidados baseados no valor muda o enfoque do volume para o valor, recompensando os prestadores de cuidados de saúde pela obtenção de resultados positivos para os doentes. Esta abordagem não só aumenta as receitas, como também promove uma cultura de cuidados de elevada qualidade e centrados no doente.

Mitigação do risco financeiro: Enfrentar a tempestade

Navegar nas águas financeiras dos cuidados de saúde exige uma mitigação proactiva dos riscos. A diversificação dos fluxos de receitas, a garantia de uma cobertura de seguro abrangente, a manutenção de reservas financeiras e a conformidade inabalável com os regulamentos actuam como escudos contra desafios financeiros imprevistos.

Estas estratégias dotam os prestadores de cuidados de saúde da capacidade de resistir a tempestades inesperadas, garantindo a sua estabilidade financeira e a sua capacidade de continuar a servir os seus doentes.

O impacto financeiro da terapia de aumento: Um estudo de caso

O estudo de Sieluk et al. (2019) fornece um lembrete pungente das complexidades financeiras que envolvem tratamentos especializados como a terapia de aumento. Embora vital para o gerenciamento da AATD, seu alto custo ressalta as implicações financeiras tanto para os pacientes quanto para os provedores.

Os profissionais de saúde têm de navegar no labirinto de assegurar um reembolso adequado, explorar programas de assistência a doentes, otimizar a atribuição de recursos e adotar um planeamento financeiro a longo prazo para garantir que os doentes recebem esta terapêutica crucial sem pôr em risco a sua própria saúde financeira.

Conclusão: Um equilíbrio delicado

No domínio dos cuidados de saúde, as considerações financeiras estão indissociavelmente ligadas à capacidade de prestar cuidados óptimos. Ao dominarem a arte da gestão de custos, assegurando uma sólida geração de receitas e mitigando proactivamente os riscos, os prestadores de cuidados de saúde podem manter as suas operações e continuar a sua nobre missão de curar.

O estudo de Sieluk et al. (2019) serve como um poderoso lembrete de que as decisões financeiras nos cuidados de saúde devem ser informadas tanto pelos benefícios clínicos como pelas implicações em termos de custos. Através de uma gestão financeira criteriosa, os prestadores de cuidados de saúde podem navegar pelas complexidades do panorama dos cuidados de saúde e continuar a servir como faróis de esperança para os doentes necessitados.

Perspectivas dos doentes sobre a relação custo-eficácia

A voz dos doentes na conversa sobre a relação custo-eficácia
A análise custo-efetividade (CEA) é, desde há muito, uma ferramenta crucial para os decisores no domínio dos cuidados de saúde, equilibrando a balança entre custos e resultados. No entanto, a análise custo-eficácia tradicional analisa frequentemente o panorama numa perspetiva sistémica, ignorando as experiências e preferências únicas dos próprios doentes. Chegou a hora

de ampliar e explorar como os pacientes percebem a relação custo-efetividade das intervenções de saúde, extraindo insights de estudos como Sieluk et al. (2019) e outra literatura relevante.

A lente do doente

O estudo de Sieluk et al. (2019) investigou as realidades financeiras de indivíduos com deficiência de alfa-1 antitripsina (AATD), comparando os custos dos cuidados para aqueles que recebem terapia de aumento e aqueles que não recebem[1]. Os resultados revelaram um forte contraste nos custos anuais, com os utilizadores da terapêutica de aumento a enfrentarem despesas substancialmente mais elevadas. No entanto, para além dos números, existem perspectivas diferentes dos doentes que navegam no complexo terreno da relação custo-eficácia:

O peso do fardo financeiro: Os custos médicos podem lançar uma longa sombra sobre a vida dos pacientes, afectando a sua estabilidade financeira e a sua paz de espírito. Como o estudo demonstrou, as despesas diretas dos utilizadores da terapia de aumento eram consideravelmente mais elevadas do que as dos não utilizadores. Esta pressão financeira pode criar um efeito em cadeia, obrigando os doentes a fazer escolhas difíceis e, potencialmente, a sacrificar outras necessidades essenciais.

Qualidade de vida: O valor intangível: Embora o CEA se concentre frequentemente em resultados quantificáveis, o impacto das intervenções médicas na qualidade de vida é igualmente importante. A terapêutica de aumento da AATD pode melhorar significativamente o bem-estar dos doentes, ao retardar a progressão da doença e ao reduzir as complicações. No entanto, os custos elevados podem criar uma situação paradoxal em que o próprio tratamento se torna uma fonte de stress, diminuindo potencialmente os seus benefícios globais.

Opções de tratamento: Uma viagem pessoal: As preferências dos doentes por diferentes opções de tratamento são moldadas pelas suas circunstâncias, valores e prioridades individuais. Alguns podem dar prioridade aos resultados clínicos acima de tudo, enquanto outros podem procurar um equilíbrio entre eficácia e acessibilidade económica. Compreender estas diversas perspectivas é crucial para promover uma abordagem aos cuidados de saúde verdadeiramente centrada no doente.

AATD: um estudo de caso

O estudo de Sieluk et al. (2019) lança luz sobre as perspectivas dos pacientes no contexto da AATD, uma doença genética rara que pode levar a condições pulmonares graves[1]. A terapia de aumento, embora altamente eficaz, tem um preço elevado. As conclusões do estudo sublinham a tensão entre os benefícios inegáveis do tratamento e o seu impacto financeiro substancial nos doentes.

Das perspectivas à prática

A integração das perspectivas dos doentes na AEC pode revolucionar a forma como abordamos a tomada de decisões no domínio dos cuidados de saúde:

Colocar os doentes no centro: Ao reconhecer e incorporar as experiências dos pacientes, a CEA pode tornar-se uma ferramenta poderosa para promover cuidados centrados no paciente. Esta abordagem pode levar a uma maior satisfação do doente, à adesão aos planos de tratamento e ao bem-estar geral.
Tomada de decisões partilhada: Uma abordagem colaborativa: As perspectivas dos doentes podem permitir-lhes participar ativamente na tomada de decisões partilhada com os seus prestadores de cuidados de saúde. Munidos de informações sobre as implicações financeiras e

de qualidade de vida das diferentes opções de tratamento, os doentes podem fazer escolhas informadas que estejam de acordo com os seus valores e objectivos pessoais.
Definir políticas para um futuro melhor: As perspectivas dos doentes podem informar o desenvolvimento de políticas, assegurando que as políticas de cuidados de saúde abordam os desafios do mundo real enfrentados pelos indivíduos que navegam no sistema de cuidados de saúde. Isto pode conduzir a políticas mais equitativas e compassivas que dão prioridade tanto à eficácia clínica como ao bem-estar dos doentes.
Desafios e o caminho a seguir
Embora seja evidente a importância de incorporar as perspectivas dos doentes, subsistem vários desafios:

Lacunas nos dados: O acesso a dados abrangentes e fiáveis sobre as perspectivas dos doentes pode ser limitado, em especial no caso de doenças raras como a AATD.
Medir o intangível: Capturar e quantificar os resultados relatados pelos doentes, como a qualidade de vida e as preferências de tratamento, pode ser complexo e subjetivo.
Equilíbrio entre equidade e eficiência: Tradicionalmente, a AEC centra-se na eficiência, negligenciando por vezes as considerações relativas à equidade. Encontrar um equilíbrio entre a relação custo-eficácia e a garantia de um acesso equitativo aos cuidados de saúde para todos continua a ser um desafio crucial.
O toque humano nos cuidados de saúde
As perspectivas dos doentes não são apenas pontos de dados; são as histórias humanas por detrás dos números. Ao incorporar estas vozes na análise custo-eficácia, podemos avançar para um sistema de saúde que valorize verdadeiramente as experiências e preferências únicas de cada indivíduo. Esta abordagem centrada no ser humano pode conduzir a cuidados mais compassivos, eficazes e equitativos para todos.

Custos e utilização dos cuidados de saúde em doentes com deficiência de alfa-1 antitripsina

Padrões de utilização dos cuidados de saúde

A tapeçaria das opções de cuidados de saúde
A utilização dos cuidados de saúde é um pouco como uma tapeçaria, tecida com fios que representam as inúmeras formas como as pessoas procuram manter a sua saúde e combater a doença. Compreender os padrões desta tapeçaria é fundamental para criar um sistema de cuidados de saúde que sirva verdadeiramente a sua população.

Factores que influenciam as escolhas de cuidados de saúde
São muitos os factores que moldam os padrões que observamos na utilização dos cuidados de saúde, quase como fios de cores diferentes numa tapeçaria. As caraterísticas sociodemográficas, como a idade, o género, o rendimento e a educação, desempenham um papel importante. O estado de saúde, quer a pessoa esteja a gerir uma doença crónica ou seja geralmente saudável, influencia as suas necessidades de cuidados de saúde.

O próprio sistema de saúde, com a sua acessibilidade, qualidade e cobertura de seguro, é um fio condutor crucial. Por último, as preferências e os comportamentos individuais, moldados por crenças pessoais e factores culturais, acrescentam padrões únicos à tapeçaria.

Tipos de serviços de saúde: Um sistema de três níveis
Pense nos serviços de saúde como um edifício de três andares. Os cuidados primários, o seu médico de clínica geral, situam-se no rés do chão e tratam dos exames de rotina e das doenças comuns. O segundo andar alberga os cuidados secundários, onde especialistas e hospitais oferecem tratamentos e cirurgias especializadas. Finalmente, os cuidados terciários, o último andar, albergam centros médicos altamente especializados que tratam de casos complexos e tratamentos avançados.

Padrões de utilização dos cuidados de saúde: Desvendando a tapeçaria
A análise da tapeçaria revela vários padrões. Algumas populações podem recorrer muito aos serviços de urgência, mesmo para casos não urgentes, o que realça a necessidade de melhorar o acesso aos cuidados primários. As pessoas com doenças crónicas podem ter consultas externas frequentes, como consultas regulares com um médico de confiança. As admissões hospitalares e os cuidados de internamento são mais comuns para doenças graves, e a utilização de serviços preventivos, como vacinas e rastreios, varia muito.

Um estudo: Custos e qualidade de vida em doentes com AATD
Um estudo de Karl et al. (2017) analisa os padrões de utilização dos cuidados de saúde das pessoas com Deficiência de Alfa-1-Antitripsina (AATD), uma doença genética que pode provocar problemas pulmonares. Esta investigação oferece informações valiosas sobre as escolhas de cuidados de saúde para esta população específica, esclarecendo os custos e o impacto na qualidade de vida.

O panorama geral
Compreender a utilização dos cuidados de saúde é um processo dinâmico, como observar a evolução de uma tapeçaria ao longo do tempo. Ao examinar os padrões e os fios que os criam, os prestadores de cuidados de saúde e os decisores políticos podem elaborar estratégias para

garantir que todos têm acesso aos cuidados de que necessitam, conduzindo a melhores resultados em termos de saúde para todos.

O estudo de Karl et al. (2017) recorda-nos que o percurso de cada indivíduo no domínio dos cuidados de saúde é único e que é fundamental compreender os padrões específicos das diferentes populações. A investigação futura continuará a explorar os factores intrincados que influenciam as escolhas em matéria de cuidados de saúde, acrescentando novas camadas de compreensão à tapeçaria em constante evolução da utilização dos cuidados de saúde.

Custos de hospitalizações e cuidados de emergência

O preço da cura: Uma tapeçaria tecida de urgência e compaixão.

As camas de hospital e as macas das Urgências não são apenas peças de mobiliário, mas sim tábuas de salvação num mundo de reviravoltas inesperadas. Oferecem um refúgio na tempestade, mas esse refúgio tem um preço. Este custo, uma complexa tapeçaria tecida com vários fios, afecta toda a gente - doentes, médicos e o próprio coração dos cuidados de saúde.

O tecido dos custos: Fios entrelaçados

Quem somos: A idade, a saúde e até a nossa carteira têm um papel importante. Os idosos e as pessoas que lutam contra várias doenças enfrentam frequentemente facturas mais elevadas.
Where We Heal: O panorama dos cuidados de saúde é importante. A cobertura dos seguros, o estado dos hospitais e até as políticas governamentais influenciam o custo dos cuidados de saúde.
Porque procuramos ajuda: Um osso partido ou um ataque cardíaco - a natureza da nossa doença tem impacto na fatura. As situações urgentes têm muitas vezes um preço mais elevado.
Para além do sinal do dólar: o preço oculto

O óbvio: Internamentos hospitalares, análises, medicamentos - as despesas diretas que os seguros de saúde (esperemos) cobrem. No entanto, os custos diretos podem continuar a pesar.
O invisível: Dias de trabalho perdidos, despesas de deslocação e o fardo dos prestadores de cuidados. Estes custos indirectos podem pesar muito sobre os doentes e as suas famílias, especialmente para os que lutam em batalhas crónicas.
Padrões na tapeçaria: Vislumbres da realidade

O custo elevado das urgências: As salas de emergência são caras, concebidas para cuidados imediatos e especializados. Infelizmente, são por vezes utilizadas para problemas menos urgentes, o que faz aumentar ainda mais os custos.
Doenças crónicas: Uma porta giratória: As pessoas com diabetes, doenças cardíacas e doenças semelhantes são frequentemente hospitalizadas, o que leva a um ciclo de aumento das despesas de saúde.
Localização, localização, localização: Os custos podem variar imenso consoante o local onde se vive. A disponibilidade de serviços médicos, as infra-estruturas hospitalares e até as políticas locais têm um papel importante.
Ampliação: A história do Alfa-1

Um estudo de 2017 sobre a deficiência de alfa-1-antitripsina (AATD), uma doença genética associada a doenças pulmonares, oferece um olhar mais atento aos custos específicos. Os doentes com AATD, apesar dos seus desafios, tinham frequentemente custos globais mais baixos do que os doentes com doenças pulmonares semelhantes, mas despesas mais elevadas em ambulatório. É uma chamada de atenção para o facto de os custos nem sempre serem simples.

Desvendar a tapeçaria: Lições para o futuro

É fundamental compreender estes padrões de custos. Não se trata apenas de dinheiro; trata-se de cuidados de saúde mais inteligentes, de um acesso mais justo e de melhores resultados para todos. Precisamos de encontrar formas de gerir os custos sem sacrificar a qualidade dos cuidados de saúde, e estudos como este sobre a AATD oferecem informações valiosas.

A história dos custos dos cuidados de saúde é complexa e está sempre a mudar. É uma história de vidas humanas, avanços médicos e os desafios que enfrentamos. Ao examinar os seus meandros, podemos tecer um futuro melhor, em que a cura seja acessível e económica para todos.

Cuidados em ambulatório e custos de medicação

O labirinto dos cuidados ambulatórios e dos custos dos medicamentos tece uma complexa tapeçaria no panorama dos cuidados de saúde. Tal como os cartógrafos especializados, temos de decifrar os seus padrões intrincados, desde os picos elevados dos preços dos medicamentos de especialidade até aos vales subtis das variações de custos regionais.

Imagine os doentes como viajantes que percorrem este terreno. As suas viagens são influenciadas por factores tão diversos como a sua idade e estatuto socioeconómico, a disponibilidade de oásis de cuidados de saúde nas proximidades e a própria natureza das suas doenças. Alguns enfrentam subidas íngremes devido a doenças crónicas que exigem consultas externas frequentes, enquanto outros percorrem caminhos mais suaves com check-ups de rotina.

Os prestadores de cuidados de saúde e os decisores políticos, tal como os guias experientes, desempenham um papel fundamental. Munidos de conhecimentos sobre os padrões de custos, podem abrir caminhos que conduzam a um melhor acesso aos cuidados de saúde, a custos optimizados e, em última análise, a melhores resultados para os doentes. Pense no estudo de Karl et al. (2017) como um farol que ilumina um caminho específico - o dos pacientes com DPOC com deficiência de alfa-1-antitripsina. Este estudo recorda-nos que cada população de doentes tem necessidades únicas e que é fundamental adaptar as intervenções em conformidade.

Neste cenário de cuidados de saúde em constante evolução, vamos continuar a explorar e a compreender a miríade de factores que moldam os cuidados ambulatórios e os custos dos medicamentos. É uma viagem de descoberta, inovação e, em última análise, de cuidados compassivos.

Impacto financeiro das comorbilidades

Comorbilidades: A complexidade dispendiosa das doenças múltiplas
As comorbilidades, tal como os hóspedes indesejados, acompanham frequentemente uma doença primária, transformando um ato isolado num conjunto complicado. Mas, ao contrário

dos hóspedes que não são bem-vindos, as comorbilidades têm um impacto muito mais significativo - podem aumentar drasticamente os custos dos cuidados de saúde, comprometer a qualidade de vida e representar um pesado encargo financeiro tanto para os doentes como para os sistemas de saúde.

Factores que determinam o impacto financeiro

São vários os factores que contribuem para o desgaste financeiro das comorbilidades. É como uma receita complexa em que os ingredientes individuais se combinam para criar um prato final.

Perfil do doente: A idade, o sexo, o contexto socioeconómico e o número de doenças crónicas que uma pessoa tem de enfrentar desempenham um papel importante na determinação do impacto financeiro. As pessoas mais velhas e as que pertencem a meios socioeconómicos mais baixos enfrentam frequentemente custos de saúde mais elevados devido às comorbilidades.
Panorama dos cuidados de saúde: A disponibilidade, acessibilidade e qualidade dos serviços de saúde também influenciam os encargos financeiros. A cobertura dos seguros de saúde, as infra-estruturas de saúde e as políticas de saúde são factores críticos nesta equação.
Dinâmica da doença: O tipo e a gravidade das doenças comórbidas também influenciam o impacto financeiro. As doenças crónicas como a diabetes, as doenças cardíacas e a DPOC necessitam frequentemente de cuidados médicos e de gestão contínuos, contribuindo para o aumento dos custos dos cuidados de saúde.

O elenco da comorbilidade

As comorbilidades podem ser divididas em duas categorias:

Comorbilidades de saúde física: Este elenco inclui doenças crónicas como a diabetes, a hipertensão, as doenças cardiovasculares e as doenças respiratórias. Estas doenças requerem frequentemente intervenções médicas frequentes, medicamentos e internamentos hospitalares, o que resulta num aumento dos custos dos cuidados de saúde.
Comorbilidades de saúde mental: A depressão, a ansiedade e as perturbações relacionadas com o consumo de substâncias são alguns dos intervenientes nesta categoria. Estas doenças podem agravar os problemas de saúde física, complicando a gestão médica e aumentando os custos.

Padrões de custo: Um olhar mais atento

As repercussões financeiras das comorbilidades variam consoante as populações e os sistemas de saúde. Surgiram alguns padrões comuns:

Custos super-aditivos: Quando coexistem várias doenças crónicas, os custos dos cuidados de saúde ultrapassam frequentemente a soma dos custos de cada doença individual. Este padrão, conhecido como super-aditividade, sublinha o encargo financeiro acrescido das comorbilidades.
Internamentos hospitalares e cuidados de emergência: Os indivíduos com comorbilidades têm maior probabilidade de necessitar de internamentos hospitalares e de cuidados de emergência, o que conduz a custos de saúde mais elevados. A frequência e a duração dos internamentos hospitalares tornam-se indicadores-chave do impacto financeiro.
Custos de medicação: A gestão de várias doenças crónicas implica muitas vezes o manuseamento de vários medicamentos, o que resulta em custos de medicação mais elevados. A polifarmácia, a utilização de vários medicamentos, é comum entre os indivíduos com comorbilidades.

Estudo de caso: AATD e DPOC

Um estudo de 2017 realizado por Karl et al. analisou os custos e a qualidade de vida relacionada com a saúde em doentes com Doença Pulmonar Obstrutiva Crónica (DPOC) com deficiência de alfa-1-antitripsina, lançando luz sobre o impacto financeiro das comorbilidades nesta população específica.

Principais conclusões

Os resultados deste estudo têm implicações significativas para a compreensão das repercussões financeiras das comorbilidades:

Gestão de custos: A compreensão dos padrões de custos associados a doenças específicas, como a AATD, pode orientar o desenvolvimento de estratégias de cuidados de saúde com uma boa relação custo-eficácia. O estudo salienta a importância da gestão dos custos ambulatórios e da otimização dos cuidados hospitalares.
Qualidade de vida: A avaliação da qualidade de vida em doentes com doenças crónicas fornece informações cruciais sobre a eficácia das intervenções de cuidados de saúde. O estudo sublinha a necessidade de cuidados abrangentes que abordem tanto os aspectos médicos como a qualidade de vida.
Intervenções direcionadas: A identificação de padrões de custos específicos em diferentes populações de doentes pode servir de base a intervenções direcionadas.

O caminho a seguir

O impacto financeiro das comorbilidades é moldado por uma interação complexa de factores, incluindo as caraterísticas dos doentes, o panorama dos cuidados de saúde e a natureza das condições médicas. Compreender estes padrões de custos é fundamental para melhorar a prestação de cuidados de saúde, garantir um acesso equitativo aos serviços e otimizar os custos dos cuidados de saúde. Ao examinar o impacto financeiro das comorbilidades e dos seus determinantes, os prestadores de cuidados de saúde e os decisores políticos podem desenvolver estratégias para melhorar o acesso aos cuidados de saúde, melhorar os resultados dos doentes e reduzir os custos dos cuidados de saúde. O caminho a seguir passa por uma investigação contínua para explorar os diversos factores que influenciam o impacto financeiro das comorbilidades e identificar intervenções eficazes que respondam às necessidades específicas das diferentes populações de doentes.

Estratégias para reduzir os custos dos cuidados de saúde

Desemaranhar o nó dos cuidados de saúde: Navegar no labirinto dos custos
No intrincado ballet dos cuidados de saúde, equilibrar as contas e, ao mesmo tempo, garantir cuidados de qualidade é um desafio perpétuo. A procura de cuidados de saúde acessíveis é uma dança universal, e cada rodopio e cada salto têm impacto nos doentes, nos prestadores e na própria estrutura dos nossos sistemas de saúde. Mas, como em qualquer coreografia complexa, compreender os passos é fundamental para dominar o espetáculo.

Desvendando os Mestres de Marionetas Ocultos: As forças que moldam os custos dos cuidados de saúde

Pense nos custos dos cuidados de saúde como um grande espetáculo de marionetas, onde vários cordelinhos puxam o preço final. Compreender estes factores de influência ocultos é o primeiro passo para controlar os custos.

A história do paciente: A idade, as opções de estilo de vida e os problemas de saúde subjacentes desempenham um papel importante no guião. Um doente idoso com um problema cardíaco necessitará naturalmente de mais cuidados e, por conseguinte, incorrerá em custos mais elevados, em comparação com um indivíduo jovem e saudável.
A fase dos cuidados de saúde: Imagine uma clínica rural com recursos limitados versus um hospital urbano movimentado equipado com a mais recente tecnologia. A disponibilidade e a qualidade das infra-estruturas de cuidados de saúde têm um impacto significativo nos custos.
As doenças vilãs: Algumas doenças, como as doenças crónicas, são inimigos implacáveis que exigem tratamento e gestão contínuos, conduzindo inevitavelmente a custos mais elevados.
Estratégias para uma ovação de pé: Baixando a cortina dos custos elevados
Com o palco montado, vamos explorar algumas coreografias inovadoras para fazer baixar os custos dos cuidados de saúde para um grande final que deixe todos a aplaudir.

A Sinfonia da Normalização: Imagine uma orquestra bem ensaiada, onde todos os instrumentos tocam em perfeita harmonia. Da mesma forma, a normalização dos procedimentos de cuidados de saúde e a agregação de serviços simplificam os cuidados, minimizam o desperdício e conduzem à redução de custos.

Prevenção: O aquecimento antes do espetáculo: Tal como os bailarinos se alongam antes de uma atuação, o investimento em cuidados preventivos e programas de promoção da saúde pode evitar doenças crónicas, reduzindo a necessidade de intervenções dispendiosas no futuro.

O toque do coreógrafo: Coordenação de cuidados: Um coreógrafo competente assegura transições perfeitas entre sequências de dança. Nos cuidados de saúde, uma coordenação eficaz dos cuidados garante que os doentes recebem os cuidados certos no momento certo, evitando hospitalizações desnecessárias e complicações que aumentam os custos.

Tele-saúde: O palco virtual: Tal como os espectáculos podem ser transmitidos em linha, a telessaúde e a monitorização remota oferecem acesso virtual aos cuidados de saúde, poupando despesas de deslocação aos doentes e reduzindo os encargos para as unidades de saúde.

Eficiência: A arte de ser engenhoso: Um coreógrafo inteligente maximiza a utilização de cada bailarino e adereço. Da mesma forma, a otimização da utilização de recursos médicos, desde testes de diagnóstico a camas de hospital, pode levar a poupanças significativas.

Tecnologia: O pano de fundo digital: Os espectáculos modernos utilizam efeitos digitais deslumbrantes para melhorar a experiência. No sector da saúde, a tecnologia da informação sobre saúde simplifica a comunicação, melhora a tomada de decisões e reduz os erros, contribuindo para a eficiência dos custos.

Cuidados baseados em valor: A escolha do público: Num espetáculo de talentos, o público vota no melhor artista. Os modelos de cuidados baseados no valor recompensam os prestadores de cuidados de saúde pelos resultados positivos dos doentes, mudando o foco da quantidade de serviços para a qualidade dos cuidados.

Capacitação do paciente: O desempenho interativo: Envolver e educar os doentes sobre a sua saúde permite-lhes fazer escolhas informadas e assumir a responsabilidade pelo seu bem-estar, o que conduz a melhores resultados em termos de saúde e a custos potencialmente mais baixos.

Investigação em destaque: Deficiência de alfa-1-antitripsina e o custo de respirar facilmente
Um estudo fascinante de Karl et al. (2017) destaca os desafios únicos e as implicações em termos de custos da Deficiência de Alfa-1-Antitripsina (AATD), uma doença genética que afecta a saúde pulmonar. A investigação realça a importância de adaptar as estratégias de cuidados de saúde a populações de doentes específicas, destacando o potencial de redução de custos e de melhoria da qualidade de vida através de cuidados especializados e intervenções direcionadas.

O grande final: Um sistema de saúde harmonioso
Reduzir os custos dos cuidados de saúde é uma sinfonia complexa, que exige uma compreensão diferenciada dos vários intervenientes e da sua intrincada interação. Ao adotar estratégias inovadoras, fomentar a colaboração e dar prioridade aos cuidados centrados no doente, podemos coreografar um sistema de cuidados de saúde harmonioso em que a qualidade e a acessibilidade dos preços ocupam um lugar central.

A viagem da investigação continua, procurando novas melodias e ritmos para melhorar este desempenho. À medida que exploramos os impactos financeiros dos cuidados de saúde e implementamos medidas específicas de redução de custos, aproximamo-nos cada vez mais de um sistema de cuidados de saúde que ressoa tanto nos doentes como nos prestadores, aplaudindo de pé os cuidados acessíveis e de elevada qualidade.

Dados suplementares

Sario, Azhar ul Haque, 2024, "Supplementary references for book Alpha 1 Antitrypsin Deficiency (AATD) Financial Cost", https://doi.org/10.7910/DVN/G146GU, Harvard Dataverse, V1

https://doi.org/10.7910/DVN/G146GU

Sobre o autor

Sou um autor de bestsellers. Tenho competências técnicas comprovadas (certificações Google) para produzir livros perspicazes com dez anos de experiência empresarial.

ORCID: https://orcid.org/0009-0004-8629-830X

Azhar.sario@hotmail.co.uk

Printed by Books on Demand GmbH, Norderstedt / Germany